세계시민교육과 지리교육

이 저서는 2019년도 교육부와 한국연구재단의 지원을 받아 수행된 연구(NRF-2019H1G1A1071300)임.

세계시민교육과 지리교육

이경한 지음

푸른길

차례

제2부 지리교과서와 세계시민교육

우리는 글로벌 시대에 살고 있다. 동시에 글로벌 무지의 시대에 살아가고 있다. 글로벌 시대에 살고 있지만, 특정 문화나 후발국에 대한 부정적인 고정관념이나 무지를 가지고 있다. 이는 글로벌 시대에 세계 각국에 대한 정확한 지식이나 균형 잡힌 관점을 가지지 못한 글로벌 문맹에서 비롯하고 있다. 글로벌 문맹은 선진국이나 강대국 중심의 세계관, 후발국에 대한 무지나 무시, 타문화에 대한 이해 부족 등을 낳고 있다. 이는 후발국가나 문화에 대한 부정적인 선입견을 갖게 하고 균형적인 지식이나 공감 능력을 떨어뜨리게 한다. 그 결과, 우리는 중남미, 서남아시아, 아프리카, 태평양의 국가들에 대한 편견을 갖게 되고, 다시 그 편견은 우리의 사고와 인식을 지배함으로써 일상생활에서 편견을 담은 이미지를 세상에 알리고, 해당 국가들에 대한 부정적인 고정관념을 강화하는 나쁜 결과를 낳게 한다.

글로벌 시대에 글로벌 문맹을 벗어나서 글로벌 역량을 강화하기 위해서는 글로벌 문해력을 갖추어야 한다. 학교에서부터 글로벌 문해력을 갖출 수 있는 교육 경험을 제대로 할 수 있도록 해야 한다. 학교교육에서의 글로벌 문해력 신장 교육의 출발은 세계지리교육이다. 세계지리교육은 세계 국가에 대한 균형 잡힌 지식을 바탕으로 해당 국가의 정체성, 문화 등을 이해할 수 있는 관문을 제공해 주고 있다. 세계지리교육을 통한 글

7

로벌 문해력은 글로벌 시대에 필수적인 역량인 타국가 또는 타문화에 대한 글로벌 공감능력을 갖게 한다.

글로벌 문해력은 타인의 관점과 세계관을 이해하고 인식하며 서로 다른 문화의 사람들과 개방적이며 적절하고 효과적인 상호작용을 하고 행동할 수 있도록 해 준다. 이것이 세계를 보다 정의롭고 지속가능한 공동체로 변화시켜서 조화로운 세상을 만들고자 하는 세계시민이 살아가는 기본자세이다.

이 책에서는 세계시민으로서 살아가도록 선도하는 유네스코와 이를 학교교육에서 실천하는 지리교과의 노력을 확인할 수 있다.

이 책은 크게 3개의 부, 즉 유네스코의 국제이해교육과 지리교육, 지리교과서와 세계시민교육, 세계시민교육의 실천과 과제로 구성되어 있다. 그리고 제1부 유네스코의 국제이해교육과 지리교육은 2개의 장으로, 제2부 지리교과서와 세계시민교육은 3개의 장으로, 제3부 세계시민교육의 실천과 과제는 5개의 장으로 나뉘어 있다.

제1부 유네스코의 국제이해교육과 지리교육에서, 1장은 유네스코의 국제이해교육 활동과 지리교과를 다루고 있다. 유네스코는 지리교과를 수단으로 국제이해교육을 실천하고자 하였다. 여기에서는 국제이해교육을 위한 지리교과와 유네스코의 노력을 볼 수 있다. 그리고 2장은 유네스코 지리교재의 비교 연구이다. 유네스코는 지리교과를 통한 국제이해를 위하여 세 권의 책을 출판하였다. 유네스코와 지리교육은 국제이해라는 같은 목표를 가지고 있으면서도 지리교육은 학문의 변화에 더욱 초점을 맞추어 나가고 있었음을 볼 수 있다.

제2부 지리교과서와 세계시민교육에서, 3장은 유네스코의 세계시민교육과 세계지리의 연계성이다. 유네스코는 세계시민교육을 선도하는 대

표적인 기구이다. 그리고 학교교육을 통한 세계시민교육의 대표적인 실천과목이 세계지리이다. 세계지리 과목이 자연환경과 문화의 다양성 추구라는 측면에서 유네스코의 세계시민교육을 구체적으로 실천하고 있음을 확인할 수 있다. 4장은 세계시민교육의 관점에서 본 지리교육과정이다. 세계시민교육의 관점을 신자유주의적 관점과 비판적 관점으로 보고서, 이 관점들로 지리교육과정을 살펴보고 있다. 여기서는 2015지리교육과정의 세계지리와 여행지리 과목을 대상으로 하였다. 그리고 5장은 초등 사회교과서 내의 지속가능발전 교육내용 비판적 분석이다. 생태시민성의 중요한 관점이자 목표인 지속가능발전이 초등 사회교과서에서 다루어지고 있는데, 여기서는 교과서의 내용분석과 그 문제점을 살펴보고 대안을 제시하고자 하였다.

제3부 세계시민교육의 실천과 과제에서, 6장은 다문화교육의 패러다임에 대한 이해이다. 다문화교육의 패러다임은 동화주의에서 상호문화이해주의까지 폭넓은 스펙트럼을 가지고 있다. 그 패러다임마다의 관점과 주요 내용을 중심으로 정리한 후, 다문화교육의 지향점을 살펴보았다. 7장은 국제이해교육 관점에서 문화다양성교육의 탐색이다. 유네스코가 지향하는 문화다양성 선언을 국가 간의 상호이해 도모라는 국제이해교육 관점에서 살펴보고 있다. 8장은 아프리카의 국제이해교육 현황과 연구경향이다. 아프리카에서 국제이해교육은 다양성교육과 평화교육, 지속가능발전교육, 그리고 세계(민주)시민교육이 중심을 이루고 있다. 특히 다양성 가운데 조화를 추구하는 아프리카 국제이해교육의 노력을 볼 수 있다. 9장은 세계시민교육에서 스토리텔링의 교육적 효과이다. 세계시민교육의 실천방안 중 하나가 스토리텔링이다. 스토리텔링을 통한 세계시민교육은 문화에 대한 이해, 감정이입과 공감, 융합교육 등을 실천하

는 데 큰 도움을 줄 수 있다. 그리고 10장은 세계유산을 활용한 세계시민 교육이다. 유네스코가 지정한 세계유산을 통한 세계의 자연과 문화의 이해는 세계시민으로서 다양성, 사고, 관점 등을 가지는 데 큰 기여를 할 수 있다. 세계유산을 통한 세계시민교육은 일상의 삶속에서 변혁적 교육을 실천할 수 있는 가능성을 제시해 줄 수 있다.

이 책의 내용은 다음의 글을 바탕으로 구성되었음을 밝혀둔다.

이경한, 2014, 다문화교육의 연구 경향에 관한 기초 분석, 초등교육연구 25(2), 전주교육대학교 초등교육연구원, 91-102.

이경한, 2014, 국제이해교육 관점에서 문화다양성 교육의 탐색, 국제이해교 육연구 9(2), 한국국제이해교육학회, 33-57.

이경한, 2015, 유네스코 세계시민교육과 세계지리의 연계성 분석, 국제이해 교육연구 10(2), 한국국제이해교육학회, 45-75.

이경한, 2017, 제2차 세계대전 이후 유네스코의 국제이해교육 활동과 지리 교육, 초등교육연구 28(2), 전주교육대학교 초등교육연구원, 55-80,

이경한, 2018, 유네스코 지리교재의 비교 연구, 초등교육연구 29(2), 전주교 육대학교 초등교육연구원, 47-60.

이경한, 2018, 세계시민교육의 관점에서 세계지리와 여행지리 교육과정의 비판적 분석, 국제이해교육연구 13(2), 한국국제이해교육학회, 39-75.

이경한, 2018, 아프리카의 국제이해교육 현황과 연구경향, 교육종합연구 16(3), 교육종합연구소, 157-169.

이경한, 권상철, 김다원, 이선영, 김광현, 김종훈, 2018, 세계시민, 세계유산 을 만나다, 유네스코 아시아태평양 국제이해교육원.

이경한, 김다원, 김미숙, 이지영, 장진아, 조수진, 2020, 세계시민, 스토리로 배우다, 유네스코 아시아태평양 국제이해교육원·한국국제이해교육학회.

이경한, 김보은, 2020, 초등 사회교과서 내의 지속가능발전 내용의 비판적 분석, 교육종합연구 18(4), 교육종합연구원, 19-42.

　이 책은 교육부와 한국연구재단의 지원을 받아 예비교사의 시민교육역량을 강화하기 위한 전주교육대학교 시민교육역량강화사업단의 사업 일환으로 출판되었다. 이 책이 세계시민으로서 역량을 강화하는 데 도움이 되길 바란다. 그리고 본서를 편집하고 제작해 준 푸른길 출판사 관계자들께 감사드린다.

2022년 4월

이경한

제1부
유네스코의 국제이해교육과 지리교육

1장

유네스코의 국제이해교육 활동과 지리교육

I. 서론

제2차 세계대전이 끝난 후, 인류는 전쟁과 평화라는 주제에 많은 관심을 가지기 시작하였다. 그 결과로 유엔을 창립하였고 그 산하에 유네스코를 두었다. 유네스코의 관심 중 하나는 인류에 평화를 간직할 수 있도록 하는 평화교육이다. 유네스코는 인류가 평화를 정착시키는 한 방법을 국가 간의 상호이해로 보고 있다. 그래서 유네스코는 창립과 동시에 국가 간의 상호이해교육을 실시하여 서로 간의 이해를 증진시키고자 하는 국제이해교육에 많은 관심을 가지기 시작하였다. 유네스코 초기에는 각종 세미나와 프로젝트를 통하여 국제이해교육을 세계 각국에 보급하고자 노력하였다. 유네스코의 국제이해교육에 관한 노력 중 가장 대표적인 것은 1974년에 발표한 '국제이해, 협력, 평화를 위한 교육과 인권, 기본 자유에 관한 교육 권고(The Recommendation concerning Education for International Understanding, Cooperation and Peace and Education relating to Human Rights and Fundamental Freedoms)'이다. 이 권고안을 토대로 지금도 유네스코는 국제이해교육 활동을 실시하고 있다.[1] 현재 국제이해 교육은 실천적인 측면에서 국제이해교육의 중층적 개념인 평화, 인권, 문화다양성, 국제이해 그리고 최근 부각되고 있는 글로벌 시민성 등이 시대적 변화와 요청에 따라 그 강조점을 달리하여 평화교육, 인권교육, 문화다양성교육, 또는 글로벌시민교육 등의 이름으로 실시되어(이경한 외 3인, 2016, 38) 오고 있다.

유네스코는 학교교육에서 국제이해교육을 실천하는 과제를 안게 되었다. 그 결과, 학교에서 독립 교과목으로 존재하지 않은 국제이해교육을 실천하기 위하여 기존 교과목에 관심을 가졌다. 학교교육과정의 교과목 중에서 국제이해교육과 가장 근접한 과목으로는 지리, 역사, 공민, 사회과(social studies) 등으로 보았다. 이 중에서도 지리교과가 국제이해교육의 실천 과목으로 가장 적합하다고 보고, 지리교과를 통한 국제이해교육의 실천 방안을 마련하였다. 그래서 등장한 것이 1949년 '지리수업과 세계이해(The Teaching of Geography and World Understanding)', 1949년 '지리수업과 국제이해에 관한 각국 교육부에의 권고 26번(Recommendation No. 26 to the Ministries of Education concerning the Teaching of Geography and International Understanding)'이고, 이를 종합한 것이 1950년의 '1950년 국제 교육 세미나: 국제이해 개발의 수단으로서 지리교육(The Teaching of Geography as a Means of Developing International Understanding)'이다. 그래서 본 장에서는 제2차 세계대전 이후 유네스코

---

1. 우리나라에는 유네스코 한국위원회, 유네스코 아시아태평양 국제이해교육원, 유네스코 아시아태평양 무형유산센터 등이 있다.

세계시민교육과 지리교육

가 실시한 국제이해교육의 실천 과목으로서 지리교과의 역할과 기능을 살펴보고자 한다. 특히 1950년 전후의 국제이해교육과 지리교과의 연계를 살펴보고자 한다. 제2차 세계대전 이후 유네스코의 국제이해교육 활동을 살펴보고, 이를 토대로 당시의 지리교육이 지향하던 비전과 내용을 분석하고자 한다.

현재 국제이해교육에 관한 연구가 이루어지고 있다. 그 대표적인 연구로는 김신일·김영화·김현덕(1995), 김신일(2000), 유철(2000), 이승환(2000), 주혜연(2006), 강순원(2005; 2014), 이경한(2014), 강순원·김현덕·이경한·김다원(2017), 이경한·김현덕·강순원·김다원(2017), 김다원·이경한(2017) 등이 있다. 이 연구들은 국제이해교육의 개념, 역사, 관련 개념, 실태, 방향 등에 대해서 논의를 하고 있다. 하지만 유네스코 초기에 실시한 국제이해교육의 관련 과목인 지리교과와의 연계 등을 연구한 논문은 찾아볼 수 없다.

본 장에서는 1950년을 전후한 시기의 유네스코 문서자료를 중심으로 분석을 하였다. 유네스코의 문서자료는 유네스코 본부 홈페이지[2]를 통하여 구하였다. 유네스코에서는 다양한 문헌, 연구보고서 등을 아카이브로 구축해 놓고 있다. 이 중에서 지리교육과 관련된 1950년 전후의 문서 자료를 활용하여 분석하였다.

---

2. https://en.unesco.org

II. 제2차 세계대전 이후 유네스코의
국제이해교육 활동 전개

유네스코가 국제이해교육이라는 용어를 사용하기 시작한 것은 1946년 런던에서 개최되었던 제1차 유네스코 총회에서부터였다(김현덕, 2000, 86). 유네스코의 초기 이념을 형성하는 데 큰 기여를 한 초대 사무총장인 헉슬리는 제1차 유네스코 총회에서 유네스코의 목적은 평화와 안전 보장에 이바지하고, 인류의 일반적 복지를 증진하는 것이며, 그것을 위해 중요한 것은 마음과 정신 속에 하나의 세계를 구축하는 것, 다름 아닌 유네스코 교육 사업의 전반적 목적인 국제이해를 증진하는 것이라고 주장했다(지바 아키히로, 1999, 12). 이런 목적은 "전쟁은 인간의 마음에서 생기는 것이므로 평화의 방벽을 세워야 할 곳도 인간의 마음속이다."는 유네스코 헌장의 사고를 바탕으로 하였다. 그래서 초기의 국제이해교육은 교육을 통하여 세계 각국의 국민들로 하여금 다른 나라와 문화에 대한 진정한 이해와 우호적 태도를 갖게 함으로써 지구상에서 전쟁과 갈등을 방지하고 항구적 세계 평화를 실현해야 한다는 신성한 의무에서 출발하였다. 그리고 "1948년 유엔이 선포한 세계인권선언의 정신과 유엔 기구의 역할과 조직에 관해서 가르치는 것도 국제이해교육의 중요한 영역으로 간주하였다. … 1947년 프랑스 세브르에서 국제이해교육의 근본 이념을 구체화하기 위한 내용, 방법과 교재를 개발하려는 첫 세미나를 열었고, 1948년에는 '청소년의 국제이해 고양과 국제기구 교육에 관한 권고'를 채택하였다. 이 시기의 국제이해교육은 평화 정착을 위한 타문화이해 교육의 강조에 있다."(주혜연, 2006, 109)

그리고 1955년 프랑스 세브르(Sevres)에서 열린 세미나의 결론을 통해서도 국제이해교육의 의미를 찾아볼 수 있다. 여기서 문화적 그리고 국가적 차이를 존중하면서 세계인의 이해와 협력의 개발은 국제전문기구의 역할에 관한 정보 이상의, 국가 간의 적대적 긴장의 원인과 편견을 낳는 지적·사회적·경제적 원인에 대한 지속적인 투쟁과 효과적인 협력을 선호하는 태도의 개발을 의미한다. 그리고 이는 "모두에게 공통적인 일반 원리를 우선적으로 받아들이는 것 이상, 실제에서의 능동적인 배려, 구체적 목표를 지향하는 연대 행동(joint action)을 요구한다."(Lawson, 1969, 21)고 보았다.

이런 모습들은 초기의 국제이해교육에 대한 정의들에서도 살펴볼 수 있다. 예를 들어, John F. Parr는 "국제이해는 자국에 대한 지식뿐만 아니라 타국에 대한 지식을 바탕으로 다른 나라와 국민에 대한 이해와 인식이다."라고 말했다. 그리고 Atwood는 '타국의 사람들을 위한 지적인 공감'이라고 했다. 이 공감은 세계 여러 나라의 생활조건에 대한 지식과 친절한 관점에 의존한다(Ursula, 1955, 108). 이 정의들은 국제이해교육이 타국에 대한 이해와 공감을 가장 중시하고 있음을 보여 주고 있다. 이를 바탕으로 해서, 국제이해교육은 "'우리는 지금 다른 사람들을 도울 뿐만 아니라 미래의 전쟁으로부터 자신의 나라를 지키기 위하여 국제적 정신(international spirit)을 계발할 필요가 있다', '우리는 다른 나라에 관한 사실을 학생들에게 가르쳐야 한다', '과거 우리의 편협한 국가주의가 오늘날 세계에서는 설 자리가 없다', '우리나라, 옳은가 혹은 그른가?'라는 낡은 구호는 평화를 이룰 수 없다."라는 점을 강조하였다. 그러나 국제이해가 국가주의에 완전히 배타적일 수 없는 현실이 있다. 다음 글은 국가주의와 국제주의의 관계를 잘 보여 주고 있다.

국가주의는 구체적인 실재이다. 유엔은 주권국가로 구성된 기구이다. 그리고 유엔의 활동과 가능성에 대한 많은 오해는 이 사실에 대한 인식의 실패로부터 나온다. 그러나 국가주의와 국제주의는 반드시 상호배타적인 것은 아니다. … 국가적 충성이 없이는 국제시민의식에 대한 토대도 불명확하다. 그러나 국가주의는 인류에 대한 충성이 된다. 인간 이해는 집단으로부터 국가로, 다시 국제시민 책임감의 개념에 대한 인지로 진보적 흐름이 되어야 한다.   (Lawson, 1969, 14)

오늘날 우리는 '휴머니티가 우선이다'라는 점을 가르치는 국제주의를 주입시켜야 한다(Eckhauser, 1947, 295). 이는 곧 국제이해를 인간의 상호의존에 대한 인식으로 보고, 이 상호의존은 학생들이 세계 사람들의 연대를 인식하도록 하고, 상호의존하는 세계를 돕는 초국가적 의무를 받아들일 준비를 시킬 것(White, 2011, 307)이라고 보았다. 결국 국제이해교육은 국제협력 면에서 국제평화와 안보, 인간 안보, 지속가능한 발전, 평화문화의 건설, 민주주의의 공고화를 육성하고 보장하며 편견, 오해, 불평등 그리고 부정의를 제거하고, 사람들의 마음속에 평화와 비폭력 수단을 통한 갈등 해결 능력을 계발한다(Martinez de Monretin, 2011, 609). 미국교육은 이런 정신을 가진 시민을 '세계적 마인드를 지닌 미국인(world-minded Americans)'이라고 정의하였다. 이는 청소년들이 개인적으로 그리고 국내의 지역사회에서 자국의 범주를 뛰어넘어 자신의 문제를 바라볼 수 있는 미국인으로서 생각하고 행동하는 능력을 드러낼 수 있는 정도이다(The Committee on International Relations of the National Education Association, the Association for Supervision and Curriculum Development, and the National Council for the Social Studies, 1948, 11). 이런 시민은 10

〈표 1〉 세계적 마인드를 지닌 미국 시민의 10가지 특성

1. 또 다른 세계 전쟁으로 문명이 해를 입을 수 있음을 깨닫는다.
2. 모든 사람들에게 자유와 정의를 보장하는 평화로운 세계를 원한다.
3. 세계적 마인드를 가진 사람은 전쟁을 불가피한 것으로 만드는 인간의 본성이란 존재하지 않음을 알고 있다.
4. 교육이 국제이해와 세계 평화를 성취하는 데 강력한 힘이 될 수 있음을 믿는다.
5. 다른 나라의 사람들이 어떻게 살고 있는지를 알고 이해하며, 모든 문화의 차이를 강조하는 선의의 인간성(common humanity)을 인식한다.
6. 무한한 국가 주권은 세계 평화에 대한 위협이고, 국가들이 세계 평화와 인류발전을 성취하기 위하여 협력해야 함을 안다.
7. 현대 기술이 경제 안보 문제해결의 약속이고, 국제협력이 모든 사람의 복지 증진에 기여할 수 있음을 안다.
8. 인류 복지에 깊은 관심을 갖는다.
9. 세계 문제에 지속적인 관심을 갖는다. 그리고 모든 기능을 가지고서 국제 문제의 분석과 판단에 스스로 헌신하고자 한다.
10. 모든 사람을 위하여 자유와 정의가 보장되는 평화로운 세계를 실현하는 데 도움을 주고자 행동한다.

가지의 특성(The Committee on International Relations of the National Education Association, the Association for Supervision and Curriculum Development, and the National Council for the Social Studies, 12–13)을 지닌다(표 1).

이 과정을 통해서 보면, 유네스코의 국제이해교육은 '세계시민을 위한 교육'(1950), '세계 공동체에서 살아가기 위한 교육'(1952) 등의 용어로 전개되어 오다가, 1954년에 국제이해 및 국제협력교육이라는 국가의 실체를 중시하는 현재의 용어로 자리를 잡게 되었다(이승환, 2000, 30).

1950년대 전반의 국제이해교육은 특히 인류를 세계 공동체로 통합하고, 이를 위해 국제기구와 적극적으로 협력하고, 문명과 국민 간의 상호의존을 설명하고, 역사상의 도덕적, 지적, 기술적 진보가 인류의 공동 유산이라는 것을 가르치려고 했다(지바 아키히로, 1999, 15). 즉, 제2차 세계대전 이후 유네스코를 중심으로 쓰이고 있는 국제이해교육은 '인류의 지적, 도덕적 연대'에 기초하여 인간의 마음속에 '전쟁에 대한 평화의 방벽'을 세우기 위한 교육 전반을 뜻한다고 할 수 있다(유철, 2000, 18).

국제이해교육은 유네스코 정체성의 표상이다. 유네스코는 평화를 성취하는 방법이 국제이해교육에 분명히 토대를 두고 있음을, 그리고 유네스코의 방법은 유엔 체제하에서 평화 목표에 더 많이 기여하였음을 강조하였다(Martinez de Monretin, 2011, 603). 그 결과 유네스코는 국제이해교육이라는 용어를 대중화시켰다. "유네스코는 회원가입국의 국가교육체계에 a. 친선 관계를 증진시키기 위하여 타국에 관한 정확한 지식과 문화의 제공, b. 인간의 도덕성을 기르기 위하여 보편적 인권에 관한 학습, c. 국가들의 국제 체제를 이해하기 위한 유엔에 대한 학습을 포함시킬 것을 권유하였다."(Bridges, 1970)(Hiroko Fujikane, 2003, 134-135 재인용) 이 프로젝트의 근본적 목적은 상호 이해를 가로 막는 정치적, 심리적인 장애를 제거하는 것이다(지바 아키히로, 1999, 15).

세계이해와 평화 증진을 목적으로 한 국제이해교육에 대한 반론도 있다. 그 대표적인 것으로는 로손(Lawson)의 주장을 들 수 있는데, 그는 3가지 측면에서 국제이해교육의 문제점을 제시하였다. 먼저 "국제이해는 17, 18세 이하에 배울 수 있는 관련 교과가 없기에 학생들이 이해할 수 없는 성인 개념이다." 둘째, "실재적이고 타당한 이해는 역사 과목 같은 사실 내용 중심의 철저한 토대의 결과로서만이 성취될 수 있다. 이런 선언에는 진실이 있다, 그러나 이는 또한 위험을 담고 있다." 셋째, "교과가 배양하고자 하는 이해의 성취 여부를 알아보기 위한 만족스러운 평가를 고안하기가 어렵다."라고 주장하였다(Lawson, 1969, 24).

그리고 유네스코는 국제이해교육을 실천하기 위하여 유엔 가입국을 대상으로 유네스코 협력학교 사업을 수행하였다. 1953년에 출범한 유네스코 협력학교 네트워크(ASPnet)는 평화와 비폭력의 문화 측면에서 시범 사업을 수행하여 유네스코의 정신을 추진할 목적으로 지정한 6,000개 이상의 교육기관이 모인 세계적 네트워크이다(주혜연, 2006, 109). 유네스코가 수행한 ASP 프로젝트의 기본적인 생각은 "학교에서 국제이해, 인권과 평화에 대한 방법을 학생들에게 가르치기 위함이다. … 사람들과 함께 살아가는 방법에 대한 좋은 생각들을 어린 시절부터 학교에서 학습이 이루어진다면, 우리는 전 세계에 평화의 개념을 가진 마음을 따라 사는 사람들을 가져야 한다."(Korean National Commission for UNESCO, 1981, i)이다. 다시 말하여 이 프로그램의 궁극적 목표는 자라나는 학생들에게 상호 존중과 이해를 갖도록 도와주는 교육을 통하여 편견과 불신을 제거하고 상호 친선과 협력을 증진하여 평화로운 세계를 건설하는 것이다(Korean National Commission for UNESCO, 2). 이런 목적을 달성하기 위하여 유네스코 본부는 가회원국에게 국제이해교육의 실시를 권고하고 설득하면서, 국제이해교육 운동에 참여하는 학교를 '유네스코 협동학교'로 지정하여 지원하고 상호유대를 강화하는 사업(Unesco Associated Schools: ASP)을 추진해 왔다(김신일, 2000, 11).

그러나 국제이해교육의 사상은 학교 교육과정을 변화시키는 데 있어서 주요 주제가 되지 못하였다. 초기의 강조점도 점차 국가와 국제 수준에서 인기를 잃었다. 1974년 권고안이 나온 이후 국제이해교육은 수사적 표현으로 남게 되었다(Fujikane, 2003, 135).

유네스코 협력학교에서의 국제이해교육은 그 교육의 강조점을 타문화, 인권 교육에 두었다. 다른 문화와 인권에 대한 이해를 국제평화를 이루는 가장 소중한 필요조건으로 보았다. 곧 국제이해교육에서 상호이해는 상호존중을 낳고, 상호존중은 세계 평화를 이룩한다는 가정이 담겨 있다.

III. 유네스코의 '국제이해교육 도구로서 지리수업' 세미나 전개

1. 지리수업 세미나의 준비 과정

유네스코는 국제이해교육의 일환으로 지리교육 프로젝트를 시작하겠다는 것을 유네스코의 기관지인 '유네스코 통신(Unesco Courier)'에 소개하였다(그림 1). 이 기사의 제목은 '세계이해를 위한 지리교과(Geography for World Understanding)'이고, 그 내용은 다음과 같다.

〈그림 1〉 유네스코 통신 (1949. 5)

국제이해 개발을 위한 수단으로서 지리교육은 7월 4일 스위스 제네바에서 유네스코와 교육국(Bureau of Education)이 공동 개최하는 제12차 공교육에 관한 국제회의의 주요 분야 중 하나가 될 것이다. 이 논의를 통하여 지리교육이 고립주의(isolationism) 정신을 타파하고 타인과 타문화에 관한 잘못된 사고를 제거하는 데 도움을 줌으로써 세계이해를 위한 교육에서 중요한 역할을 할 수 있음을 보여 주기 바란다. 유네스코는 지리교육이 아동에게 하나의 세계(one-world)라는 관점을 개발하는 데 유용한 방법을 제안하는 보고서를 준비하고 있다. 그리고 1950년의 유네스코 세미나는 지리교육에 기여할 것이다.   (UNESCO Courier, 1949년 5월호, 2)

이 기사는 향후 유네스코가 제2차 세계대전 이후 국제평화를 위한 국제이해교육을 위한 지리교육 사업을 예고해 주고 있다. 유네스코는 이 프로젝트를 실행하기 위하여, 먼저 1947년 7월 21일에서 8월 30일까지 '사회과 수업과 국제이해'라는 세미나를 실시하였다. 그리고 그 부제를 '지리, 역사, 공민과 기타 사회과교육에서 강조하고자 하는 목표에 대한 제안'(UNESCO, 1947)으로 정하였다. 이 세미나는 사회과교육에서 국제이해를 위한 수업 목표 방향을 10가지로 설정하였다(표 2).

이것은 사회과라는 통합교과를 중심으로 국제이해교육을 다루고 있는데 지리 영역의 내용을 그 일부로 하고 있다. 그러나 사회과는 미국을 중심으로 한 교과명이어서, 유럽 국가들은 지리와 역사를 중심으로 국제이해교육의 구체적인 실천 방안을 모색하였다. 그 결과, 1949년 유네스코는 프랑스 대표인 Louis Francois가 '지리수업과 세계이해(The Teaching of Geography and World Understanding)'(UNESCO, 1949a)라는 제목으로 구체안을 마련하였다. 향후 지리교과가 가져야 할 구체적인 특성은

〈표 2〉 유네스코 세미나 사회과 분과의 보고서

1. 사회과 수업은 주요 세계지역에 대한 학습을 포함해야 한다.
2. 사회과 수업은 학생들이 세계문제의 중요한 측면에 관심을 가지도록 해야 한다.
3. 사회과 수업은 세계의 식량공급을 포함한 천연자원의 입지와 분포와 관련시켜 글로벌 지리의 학습을 강조해야 한다.
4. 사회과 수업은 바람직한 인간관계의 계발과 연계한 개인의 인성계발 학습을 포함해야 한다.
5. 사회과 수업은 인종, 종교, 성, 경제 및 교육 정도에 따른 개인과 집단에 대한 편견과 싸워야 하고, 집단 간의 관계 개선을 강조해야 한다.
6. 사회과 수업은 국제적 실천의 건설적인 수단으로서 유엔과 그 산하기구에 특별한 관심을 가지면서 국제 갈등과 국제협력을 다루어야 한다.
7. 사회과 수업은 시사문제와 현대사회의 문제에 대한 학습을 포함해야 한다.
8. 사회과 수업은 적절한 사실 정보를 제시해야 한다. 그러나 태도 형성과 기능 획득에도 관심을 가져야 한다.
9. 사회과 수업은 비판적 사고 기능의 개발에 특별히 관심을 가져야 한다.
10. 사회과 수업은 어른이 되어 사회문제에 지적이며 능동적으로 참여를 할 수 있도록 학생들을 준비시키는 시민교육의 실험실로 교실, 학교와 지역사회를 이용해야 한다.

〈표 3〉 지리교과가 가져야 할 특성

1. 지리교과가 국제이해에서 더 우수한 역할이나 영향력을 차지하려는 모든 이론적 탐색을 삼가한다.
2. 현 연구가 초중등 지리교사에 초점을 맞추어야 하기에, 보고서 작성자들은 지리교과의 문제를 전반적으로 다루어야 한다.
3. 오늘날 학생들의 '지리 정신(geographical spirit)'을 개발하기 위하여, 지리교사들은 활동(activity) 중심 방법을 사용해야 하고, 생생하고 구체적이며 최신의 수업을 하고, 최첨단 시청각 방법의 장점을 활용해야 한다.
4. 지리교과는 학교 교육과정에서 더 넓은 위상을 가져야 하고, 모든 수업에 필수 장비를 보급해야 하고, 교사는 적절한 연수와 정보를 공급받아야 한다.

〈표 3〉과 같다(UNESCO, 1949a, 2).

이 보고서의 특징은 지리교과 자체에 관한 이론적 논의를 지양하고, 지리교과가 국제이해에 실질적인 기여를 할 수 있도록 하고 그 위상을 확대

할 필요가 있음을 제시하고 있다는 점이다.

'지리수업과 세계이해'의 보고서 이후, 중요한 문서로는 '지리수업과 국제이해에 관한 각국 교육부에의 권고 26번(Recommendation No. 26 to the Ministries of Education concerning The teaching of Geography and International Understanding)'(UNESCO, 1949b)이 있다. 이 문서는 유네스코가 각국의 교육부에 지리교육에 관한 준비를 요청하면서 유네스코의 회의에 각국 대표를 파견해 줄 것을 요구하고 있다. 먼저, 지리교육을 통한 국제이해를 증진하기 위하여 각국은 "a) 능동적이고 구체적이며 최신의 수업을 실행하기 위한 교육과정 및 평가 방법의 개발, b) 학생 자신을 중심으로 한 세계 인식은 줄이고 인류의 상호의존감과 도덕적 통합(moral unity)은 증대시키는 심리적 방법과 교수 방법을 통하여, 모든 교육이 자기 나라에 대한 사랑을 다른 나라에 대한 이해로 나아가고 모든 국가를 똑같은 권리를 가진 나라로 인정하여 세계 주권국가로 존중하도록 나아가야 한다. c) 최근 전 세계에서 지리교과를 객관적으로 가르치는 방법"(UNESCO, 1949b, 1)의 개발을 강조하고 있다. 더 나아가 이 보고서는 "2. 충분한 시간을 가지고서 능동적이며 효과적으로 준비할 수 있고, 자국에서 다양한 교육연구팀과 접촉할 수 있도록 가능한 빨리 1950년 지리교육에 관한 유네스코 세미나에 참석할 전문가를 추천해야 한다."(UNESCO, 1949b, 2)고 권고하고 있다. 이 문서는 1950년에 지리교육에 관한 전문가 세미나가 준비되어 있음을 예고하고 있다.

유네스코는 1950년에 들어서 본격적으로 국제이해교육을 위한 지리교육 세미나를 실시하였다. 그리고 본 세미나를 실시하기 위한 기초 준비와 초안을 마련하였다. 이 초안에는 연구주제, 연구기간, 장소, 재정, 연구목표, 활동방법, 고려 중인 프로그램, 조직, 사용 언어, 문서, 방문 및 회

<표 4> 세미나의 일반 목표

---

5. 일반 목표

a. 다양한 국가에서, 특히 초중등학교에서 실시되고 있는 지리수업의 비교 연구

b. 모든 지리교사들에게 공통적으로 나타나는 전공 문제와 기술적 문제를 해결하기 위한 토대로서 모든 참여자의 지식, 기능과 경험의 공유(pooling)

c. 국제이해 개발에 사용할 수 있는 지리 수업방법의 연구

d. 지리수업과 이의 국제이해에 기여 가능성과 관련된 전공논문, 연구, 참고문헌과 기타 교육자료의 생산

e. 모든 참여자들의 유네스코, 유엔과 그 산하기구의 목적과 활동에 대한 이해 증진

f. 모든 참여자에게 국제 공동체 생활(international community living) 경험 제공

의, 사회 및 레크레이션 활동, 참가자를 담고 있다(UNESCO, 1950a). 이를 구체적으로 살펴보면, 본 세미나의 연구 주제는 '자연지리, 경제지리, 인문지리의 다양한 전공영역을 가진 지리교육을 국제이해 개발을 위한 수단으로서 어떻게 활용할 수 있는가?'이다. 세미나 기간은 6주(1950년 7월 12일-8월 23일)이고, 장소는 캐나다 퀘벡시 맥길 대학교 맥도날드 대학이다. 세미나 등록비는 없고, 숙식비는 유네스코가 부담하고, 현지 여행경비는 참여국가에서 준비해 주길 바라고 있다. 그리고 세미나 공식 언어는 프랑스어와 영어이다. 본 세미나의 일반목표는 표 4와 같다(UNESCO, 1950a, 1-2).

다음으로 본 세미나에서 고려 중인 프로그램을 5개 분과, 즉 (1) 지리교사의 교육과 연수, (2) 8세까지 아동의 지리교육, (3) 8-12세 아동의 지리교육, (4) 성인 이전 시기의 지리교육, (5) 성인 시기의 지리교육으로 구분하고 있다(표 5). 이 구분은 학령기의 학생들을 연령을 중심으로 분류하고 있다. 하지만 참여자는 어느 집단에 속하든지 간에 지리수업 목표가 국제이해와 '세계적 마인드(world-mindedness)'를 개발하고 있음을 명심해야 한다. 그리고 세미나 참여자에 대한 안내도 제시하고 있다(UNESCO,

7. 고려 중인 프로그램 초안

연구 분과(Study Groups)는 잠정적으로 다음과 같이 설정할 수 있다.

(1) 지리교사의 교육과 연수
(2) 8세까지 아동의 지리교육
(3) 8-12세 아동의 지리교육
(4) 성인 이전 시기의 지리교육
(5) 성인 시기의 지리교육

모든 분과는 국제이해의 수단으로서 지리수업의 일반적인 중요성, 지리교육과정의 틀과 내용, 교수방법과 수업보조자료, 지리교과와 다른 교과나 영역과의 관련성에 관심을 두어야 할 것이다.

모든 분과의 공통 주제

지리수업 문제에 대한 공통적인 관심이 참여자들 간에 강한 결속력을 가져다줄 것임을 충분히 이해한다. 연령별로 구분한 논의의 틀에 적합하지 않은 일부 문제는 공통 세션(general sessions)의 모든 참여자들이 연구할 것이다. 그리고 이런 방식으로 연구 분과의 연락체계를 유지할 것이고 전체 세미나의 통합을 이룰 것이다.
동시에, 국제이해와 '세계적 마인드(world-mindedness)'를 증진하기 위한 유네스코의 관심을 항상 명심해야 하고, 가능한 모든 방법으로 고려 중인 기술적인 문제와 관련시켜야 한다.

일반적인 관심 주제의 사례

−지리수업 분야로 제한; 각국에서 지리교과와 다른 영역이나 교과간의 관계에 대한 일반적인 관점; 지리수업과 역사, 공민과 '사회과'와 연계 가능성
−'세계적 마인드'의 개발을 위한 지리수업 원리
−시청각 자료; 통합 학습(general study); 준비, 발표와 사용; 영화와 슬라이드; 기록 영화의 비판적 평가와 유용한 분야
−전쟁 피해국가나 저개발국가의 학교를 위한 실제적인 지원과 기술

〈표 6〉 세미나 참여자 안내

참여자

(a) 전체 참여자 수: 70

(b) 각국 참여자 배정 수

　-3명: 캐나다, 중국, 프랑스, 영국, 미국

　-2명: 아르헨티나, 오스트레일리아, 벨기에, 브라질, 체코슬로바키아, 인도, 이탈리아, 네덜란드, 폴란드, 스웨덴, 스위스, 터키, 남아프리카연방(Union of South Africa)

　-1명: 아프가니스탄, 오스트리아, 볼리비아, 버마, 실론, 콜롬비아, 쿠바, 덴마크, 도미니카공화국, 에콰도르, 이집트, 그리스, 과테말라, 아이티, 온두라스, 헝가리, 이란, 이라크, 이스라엘, 레바논, 라이베리아, 룩셈부르크, 멕시코, 모나코, 뉴질랜드, 노르웨이, 파키스탄, 파나마, 페루, 필리핀, 살바도르, 사우디아라비아, 시리아, 태국, 우루과이, 베네수엘라

(c) 참여자의 선택

　(i) 일반적 권고: 참여자 선택에 관한 자료 참조(Unesco/Sem.50/I.)

　(ii) 특별 권고:

　세미나는 (1)초중등학교에서, (2)교사교육과 연수를 위한 대학과 기타 기관의 연수에서 실행하고 있는 지리수업에 초점을 둘 것이다.

　　-풍부한 지리수업 경험을 가진 교사, 지리전공 교사와 기타 교사 포함

　　-지리수업 내용과 방법의 결정 권한을 가진 자

　　-초중등교사의 양성과 연수를 담당하는 자

　　-지리교과서 저자, 다양한 시청각 수업자료 제작 전문가

　그래서 다음 군에 속하는 사람을 참여자로 선발할 수 있다.

　　-지리수업을 실시하거나 관심이 있는 초등학교 교사

　　-중등학교의 지리전공 교사

　　-해당 연령의 학생들을 가르치는 다른 교과 교사 중에서 지리수업에 확신을 가진 중등학교 교사

　　-지리교사의 교육 및 연수 담당 대학교수나 강사

　　-지리수업 장학사

　　-교육부 소속 지리수업 연구사(technical advisers)

　　-지리교과서 저자 혹은 지리교과서 시리즈의 책임편집자, 가능하면 교육 유경험자 선호

　　-교육과정위원회 위원 혹은 정부 또는 비정부기구의 담당자

1950a, 5)(표 6).

유네스코는 세미나를 구체화하기 위하여 곧바로 실천에 들어갔다. 그리고 세미나의 이름을 '1950년 국제 교육 세미나: 국제이해 개발의 수단으로서 지리교육'으로 정하였고, 이를 위한 설문지 작업을 실시하였다. 이 설문지는 지리교육의 전문가를 대상으로 국제이해 개발의 수단으로서 지리교육의 기여 가능성에 초점을 맞추어 이루어졌다. 설문지(UNESCO, 1950b)는 18문항으로 구성되었다. 이 중에서 1번에서 8번까지의 문항은 참여자 개인의 자료이고, 9번에서 18번까지의 문항은 세미나를 위한 설문자료이다. 개인적인 문항으로는 참여자의 이름, 성별과 연령, 주소, 직위, 현 직장의 주요 특성, 교육과 연수 경력, 학위, 이전 경력, 언어이다. 그리고 세미나를 위한 자료로는 저서, 지리수업과 관련된 문제나 쟁점, 관심분야, 알고 싶은 유네스코 활동, 세미나 중 참여하고 싶은 장소나 교육기관, 세미나 중 제공받기 원하는 레크레이션, 특별 재능, 지리수업 관련자들과의 접촉 정도나 형태, 자국의 지리교육 현황 진술과 보고 싶은 참고문헌이다.

유네스코는 지리교육에 관한 세미나를 구체적으로 준비하기 위하여, 세미나 참여자들의 준비사항을 문서로 작성하여 해당국에 보냈다. 이 중 대표적인 문서는 'Note on the Individual Preparations of Participants'[3], 'Outline for Statements on the Teaching of Geography in the Countries of the Various Participants'[4], 'Outline for Bibliographies on the Teaching of Geography in the Countries of the Various Partici-

---

3. 문서번호: UNESCO/SEM.50/I/3(rev.), 2/10/1950
4. 문서번호: UNESCO/SEM.50/I/4, Paris, 8 February 1950

pants'와 'Proposed Work Plan'⁵이다.

먼저, '참여자의 개인준비물 알림(Note on the Individual Preparations of Participants)' 문서를 살펴보겠다. 유네스코는 '1950년 국제 교육 세미나: 국제이해 개발의 수단으로서 지리교육' 세미나가 유네스코가 주관하는 일련의 국제이해교육 세미나 중 하나임을 알려주기 위하여 국제 세미나의 일정을 안내해 주었다(표 7)(UNESCO, 1950c).

그리고 세미나의 참여자의 개인적인 준비사항도 알려주고 있다. 준비사항(UNESCO, 1950c)은 7가지, 즉 A. 세미나 연구 주제에 대한 검토, B. 세미나 초안 프로그램에 관한 비판적 검토와 제안, C. 참여자 국가의 지리교육의 현황 진술, D. 지리교육 관련 참고문헌, 도서목록이나 자료 제공, E. 세미나에 필요한 자료실 구축을 위한 도움, F. 지리교육용 교과서, 도서자료, 지리부도 등의 수집, G. 교수자료, 영화 등이다.

다음으로 유네스코의 지리교육에 관한 국제 세미나 측은 1950년 2월 8일에 '다양한 참여국가의 지리수업에 대한 진술(Outline for Statements on the Teaching of Geography in the Countries of the Various Participants)' 문서를 통하여 Note on the Individual Preparations of Participants 문서의 'C. 참여자의 자국에서의 지리교육의 현황 진술' 내용을 보다 구체적으로 요구하였다. 그 내용은 6가지로서 학교교육과정에서의 지리교과 위상, 지리교수요목, 수업방법, 수업자료, 지리교사 양성체제와 국제이해에의 기여 정도이다(UNESCO, 1950d)(표 8).

다음으로 국제세미나 측은 '다양한 참여국가의 지리수업에 관한 문헌 조사(Outline for Bibliographies on the teaching of Geography in the

---

5. 문서번호: UNESCO/Sem./50/I/5, Paris, 13 February 1950

〈표 7〉 국제 세미나 일정*

연도	세미나명	장소
1947	Education for International Understanding	Sevres, France
1948	The Education and Training of Teachers	Ashridge, England
	Teaching about the United Nations and the Specialized Agencies	NY, USA
	Children Education from 3 to 13 years	Poderady, Czechoslovakia
	The Education Problem of Latin America	Caracas, Venezuela
1949	The Problem of Illiteracy in the Americas	Quitandinha, Brazil
	Rural Adult Education in Asia for Community Action	Mysore, India
1950	The Teaching of Geography as Means for Developing International Understanding	McDonald College of McGill University, near Montreal, Canada
	The Improvement of Textbooks, Particularly History Books	Cite Unversitaire, Belgium
	Primary Education in Latin America	Uruguay
	Methods and Techniques in Adult Education	Hotel Kreuzstein, near Salzburg, Austria
1951	The Teaching of History in Primary and Secondary Schools and its Contribution to International Understanding	예정
	Pre-school and Early School Education and the Development of "World-Mindedness"	예정
	Seminar in the Middle East on the Production of Materials for Literary Campaigns	예정
1952	The Teaching of Modern Languages as a Means for Developing International Understanding	예정
	The Education and Training of Teachers	예정

* 이 표는 해당 문서의 연도별 프로젝트를 저자가 표로 작성한 것이다.

1) 지리교과가 자국의 초중등학교 교육과정에 도입된 역사와 현재 지리교과의 위상에 대한 간단한 설명

2) 현 교육과정에서의 위상을 보여 주는 지리교수요목, 자연지리, 경제지리 혹은 인문지리에 대한 비중, 그리고 자국지리와 세계지리의 상대적 중요성에 대한 상세한 서술. 또한 지리교육과 역사교육과 관련교과를 연계시켜 참고할 수 있다.

3) 초중등 지리교육에서 공통적으로 사용하는 수업방법, 특히 다양한 연령의 학생들을 가르치는 데 사용되는 방법에 대한 진술. 새로운 방법이나 전통적인(original) 방법, 특히 '능동적인(active)' 수업방법에 대한 기술을 환영할 것이다.

4) 지리수업에 사용하는 자료, 특히 지도, 지구본, 평면도, 모형, 영화, 사진 등과 같이 교과서 수업을 보완해 주는 자료의 검토

5) 통합교과를 가르치는 교사를 포함한 지리교사의 양성체제에 대한 요약

6) 초중등학교에서 지리교육이 '세계적 마인드(world-mindedness)'와 국제이해를 개발하는 도구로서 어떻게 그리고 어떤 정도로 사용되고 있는지에 관한 자세한 정보

Countries of the Various Participants)' 문서를 통하여 참여자들이 준비해 올 자료 목록을 제시하였다. 이 문서에서 참여자들은 가능한 한 1950년 4월 30일까지 각국에서 출판된 가장 중요한 책, 리뷰와 논문들을 유네스코로 준비해서 보내 주면 도움이 될 것(UNESCO, 1950e, 1)으로 보았다. 그리고 참여자들이 초중등학교에서 일반적으로 사용 중인 대표적인 지리교과서와 지리부도를 포함하여 세미나 자료실에 소장할 만한 가치가 있다고 생각되는 흥미로운 출판물들을 유네스코로 보내거나 세미나 참석 시 지참해 주길 요청하였다(UNESCO, 1950e, 1). 세미나 측에서 요구한 구체적인 자료 목록은 〈표 9〉(UNESCO, 1950e, 1-2)와 같다.

다음으로 '활동 계획(Proposed Work Plan)'(UNESCO, 1950f) 문서이다. 이 문서는 앞서 제시한 설문지, 즉 Enquiry Form[6]에 대한 참여자들의 설

---

6. 문서번호: Unesco/SEM.50/I/2 Paris, 23 January 1950

〈표 9〉 세미나에서 요구하는 자료 목록

(1) 학년 지리교과 활동(Standard geographical works)과 참고 자료
  –일반적인 활동과 조사
  –교사와 우수학생이 주로 사용하는 지리 참고서와 자료
(2) 학급 지리 서적
  –다양한 학생들이 주로 사용하는 교과서와 지리부도
  –읽기 보충 자료
(3) 방법과 자료
  다음과 관련된 책, 논문 등
  –다양한 연령의 수업 방법, 특히 '능동적' 수업방법과 실험방법
  –시청각 자료와 지구본, 평면도, 모형, 영화, 사진 등과 같은 수업보조 자료
(4) 지리교사의 교육과 연수
  –교사 전문교육
  –현직연수
(5) 지리교과와 국제이해
  –'세계적 마인드' 개발에 적합한 교과서와 기타 자료
  –국제이해를 개발하기 위해 지리수업에서 사용하는 방법과 실험을 기술한 책, 논문 등

〈표 10〉 III 분과 아동의 지리수업(8–12세) 활동

1. 목적과 방법
  –각국에서 해당 연령 아동의 수업에서 강조하는 접근방법의 목적 조사
2. 해당 연령 아동의 자발적인 관심 연구
3. 교육과정에서 지리수업에 제시한 학교 프로그램 공유
  –활동 방법
  –교과서가 오래되거나 이용불가능 할 때 특별한 기준으로 교수요목 중에서 선별한 주제 학습
  –교사용 정보(특히 국제이해를 목적으로 한); 교사용 참고서
4. 고장의 환경과 자원의 학습
  –학급 현장학습, 개인 관찰, 교실에서의 사후 활동 등
5. 책, 여행기, 설화, 사진, 슬라이드, 영화, 라디오 등을 이용하여 고장으로부터 세계와 다른 사람들로의 학습 확대
6. 지도와 항공사진 이용
7. 국제이해에 대한 지리수업의 효과 연구
8. 네브래스카 대학교가 유엔의 공공정보 부서에 제시한 자료의 발표
9. 관심 국가에서 개발한 후속 활동에 대한 1차 평가

<표 11> V 분과 학생들의 지리수업(15-18세) 활동

1. 지리수업과 국제이해 접근방법을 강조하는 목적
-다양한 국가 학생들을 위한 지리 수업방법 조사
-학생 태도
2. 교수요목과 방법
-교육과정
-시간표
-적절한 수업방법; 활동방법, 고장 환경 학습, 외부 세계로의 환경 확대
3. 평가 문제
-대학 입학생을 위한 졸업시험(이 시험의 목적, 실제 문제 유형, 발표)
4. 지리수업과 국제이해의 연계 하습

문결과를 바탕으로 구성되었다. 본 활동 계획 문서는 A. 연구주제와 일반 목표, B. 연구 분과의 활동 프로그램, C. 모든 분과의 공통적인 주제, D. 기타로 구성되어 있고, 연구일정표가 첨부되었다. 이 활동 계획 문서의 핵심은 5개의 연구 분과가 구체적으로 수행할 활동들을 제시한 점이다. 예를 들어, III 분과인 아동의 지리수업(8-12세) 활동은 〈표 10〉(UNESCO, 1950f, 4)과 같다.

다음으로 V 분과인 학생들의 지리수업(15-18세) 활동을 보면 〈표 11〉 (UNESCO, 1950f, 5)과 같다.

III 분과와 V 분과의 활동 사례를 비교해 보면, 초등학교와 중등학교 지리수업의 조사활동이 서로 다름을 볼 수 있다. 초등학생이 9가지 활동인 반면, 중등학교는 4가지 활동이다. 그리고 초등학교의 경우 그 활동이 구체적인 반면, 중등학교는 교수요목과 평가문제를 중심으로 이루어지고 있다.

2. 세미나의 활동과 그 결과

　각국의 참여자들은 해당 분과에서 활동한 결과들을 토대로 다양한 분과 보고서를 작성했다. 그 사례들을 살펴보면, '지리교육과 유엔 활동 연계시키기(Relating the teaching of Geography to the work of the United Nations)'7가 있다. 이의 부제는 Proposal No.1 To the General Assembly, Special Lessons for Pupils Ages Twelve to Fourteen이다. 이는 본 세미나의 일반목표인 'e. 모든 참여자들의 <u>유네스코, 유엔과 그 산하기구의 목적과 활동에 대한 이해 증진</u>'을 만족시키기 위한 활동이다. 이의 목적은 '1.3억 사람들의 마음과 가슴에 세계 이웃에 대한 진정한 관심과 배려 깊은 태도를 개발하는 것이다. 이 계획은 학교와 교회 같은 기존 교육기관, 신문과 라디오 같은 기존의 의사소통 기구를 통하여 네브래스카 주민들의 국제이해를 이끄는 데 있다.'(UNESCO, 1950g, 1). 그리고 이를 위한 '지리교과를 통한 중등학교에서의 국제이해의 토대 구축: 지리교사를 위한 안내 지침(Building Foundations of International Understanding in Secondary School Youth through Geography: Suggested Guide for the Geography Teacher)'(UNESCO, 1950h)을 개발하였다. 이 분과를 이끈 사람은 미국 네브래스카 대학교 지리학과 강사인 소렌슨(Frank E. Sorenson)이다. 발제 보고서의 목차는 〈표 12〉와 같다.

　이 발제 보고서에서는 지리수업에서 유엔과 산하기구를 다루면서 국제이해교육에의 두 가지 접근방법을 제안하였다. 즉, 1. 세계인의 연합과 상호의존적인 세계에 대한 의무감을 갖도록 하는, 국제이해에 우호적

---

7. 문서번호: Unesco/ SEM 50/Loc. 11 Macdonald College, July 17, 1950

인 태도를 지닌 학생들의 양성, 2. 다른 나라와 사람들, 모든 인종, 종교와 국가의 세계 문화에의 기여, 현대 세계의 상호의존을 강조하면서 국가 간의 갈등과 그 원인의 역사, 국제협력의 개발과 세계 공동체의 필요성, 시사와 현대 문제, 그리고 유엔과 산하 특별기구에 대한 정보 보급이다(UNESCO, 1950h, 2). 이를 학년별로 다룰 수 있는 내용을 제안하였다. 예를 들어, 9학년의 경우 "미국의 많은 학교들은 9학년에 1년 과정의 세계지리를 제공하고 있다. … 최근 교과서 저자들은 정치적 경계선으로 그려진 지리적 지역을 중심으로 한 세계를 제시하고 있다. 그들은 인간과 자연이 지구상에 존재하는 삶의 유형에 어떤 영향을 미치고 있는지를 보여준다. 대부분의 경우, 국제기구가 사람들의 삶, 국가의 운명과 세계의 식량문제와 자원이용 문제와 같은 비판적 지리 문제의 해결에 가지는 영향을 명료하게 제시하지 못하고 있다. … 세계의 '하나됨(oneness)'을 중등학교의 세계지리에서 강조하고 있다. 그 결과 '우리의 글로벌 세계', '우리의 항공시대'와 같은 제목을 가진 교과서를 접할 때 매우 강한 관심을 갖는다."(UNESCO, 1950h, 17–18)고 제시하였다. 이 내용은 주로 기능과 문제를 중심으로 기술되고 있다.

또한 아동과 성인의 심리학(The Psychology of the Child and the Adolescent)(UNESCO, 1950i) 보고서가 제안되었다. 이는 Emile Marmy가 세계이해를 증진할 목적으로 초중등학생의 심리학 연구를 지리수업에 적용하는 지침을 제공하고자 작성한 것이다. 심리학의 연구결과를 지리교과에 적용하여, '심리학적 관점으로 살펴본 지리교과와 세계이해(Geography and World Understanding Regarded from a Psychological Viewpoint)'(UNESCO, 1950j) 보고서를 작성하였다. 여기서 심리학적 관점의 이해를 지적(intellectual), 감성적(emotional) 그리고 자발적(voluntary) 이해로 보고서, 이 관점을 지리교과와 세계이해에 적용하였다. 그 결과, 지적 수준에 따른 국제이해가 있으며, 지적 이해는 감성적 수준에서의 이해와 선의(good will)에서 나온 이해로 완성된다. 감성적 이해는 자발적 노력이라기보다는 직관과 감정의 질에 속한다. 그리고 세계이해와 평화의 문제는 서로 이해하는 지도자의 문제로 남는다. 그래서 자발적 이해가 중요하다고 주장한다. 이 보고서는 '세계이해는 학습 가능한가?'와 '세계이해는 지리교과로 어떻게 가르칠 수 있는가?'라는 물음을 제시하고 대답을 한다. 즉, '판단 또는 지능(intelligence)의 측면과 관련되어야 하는 세계이해는 학습 가능하다.'(UNESCO, 1950j, 3)고 보았다. 그리고 지리교과는 다음의 이유(UNESCO, 1950j, 5-6)로 세계이해를 주도해야 한다고 주장한다.

(i) 지리교과는 마음의 지평(the horizons of mind)을 넓히고, 지리교과는 인간 드라마(human drama)가 펼쳐지는 현장들의 구성 요소들을 기술(description)하고, 그런 다음 설명을 제공한다.

(ii) 특히 인문지리는 자연환경에의 적응하고 자연환경으로부터 가능한 많은 이익을 얻으려고 노력하는 모든 사람들의 연대와 이를 보여 주는 창의력(ingenuity)을 강조한다.

(iii) 경제지리는 다른 어떤 지리학 분야보다도 다른 국가(nation)와 다른 나라와의 상호의존과 상호보완적 성격을 잘 보여 준다.

유네스코의 '국제이해 개발을 위한 도구로서 지리수업' 세미나 위원회는 1950년 7월 12일에서 8월 23일까지 6주에 걸친 세미나를 마친 후에 이듬해인 1951년에 '국제이해를 위한 지리수업(Geography Teaching for International Understanding)'이라는 최종보고서를 작성하였다. 최종보고

〈표 13〉 국제이해를 위한 지리수업 보고서의 목차

서론
제1장 지리교육의 심리적 기초
제2장 교수요목
제3장 수업방법
제4장 수업자료
제5장 교사연수
제6장 학교교사에 대한 정보 제공
제7장 지리교육과 국제이해
제8장 결론
부록 I 세미나의 구성과 활동
부록 II 정보와 자료의 출처

서의 목차는 〈표 13〉(UNESCO, 1951k)과 같다.

본 보고서는 서론에서 "지리교과가 국제이해교육에 가장 잘 기여할 수 있는 교과목이다. … 지리적으로 사고하는 것은 세계 관점(world stand-point)으로 사고하는 것"(UNESCO, 1951k, 4)이라고 적시하였다. 그리고 제2장 교수요목에서는 "인간애(humanity)는 하나의 세계(oneness of world)를 이루는 데 필요한 인식으로 보고 있다. 그래서 지리수업은 보편성의 정신을 반드시 불어넣어야 한다. 이런 이유로, 세미나는 지리교과를 더 이상 선택과목으로 인식하지 말고, 지리수업을 초등이든 중등이든 간에 전 학년에 걸쳐서 가르쳐야 한다."(UNESCO, 1951k, 6)고 보았다. 하지만 보고서는 "일부 참가자는 두 종류의 지리학, 즉 지리학자의 지리학과 교실의 지리학이 있다고 생각했다. 두 추세는 본 세미나에서 매우 눈에 띌 만하였다. 이 세미나에는 지리학 전문가인 대학 교수와 초중등학교 교사들이 참여하였다. 우리 견해로는 금번 회의의 가장 큰 이점 중의 하나는 전자의 엄격한 과학적 관점과 후자의 교육적 관점의 화해였다."

(UNESCO, 1951k, 7)고 보았다. 그 결과, "초등교사에게는 두 종류의 연수가 필요하다. 즉, 이론적이며 실천적인 과학적(theoretical and practical scientific) 연수와 이론적이며 실천적인 교육적(theoretical and practical educational) 연수가 필요하다."(UNESCO, 1951k, 23)고 보았다.

국제이해는 '어떤 사람이든지 모든 인간의 존중을 학습하는 것; 타국에 사는 사람들을 인간으로서 다른 문명에 속해 있는 존재로 인식하도록 배우는 것, 혹은 그들이 거주하고 먹고 입고 일하며 노는 방법을 인식하도록 학습하는 것'이나(UNESCO, 1951k, 7). 여기에 지리교과는 홀리스틱(holistic)한 성격을 지니고 있어서, 지리교과는 "a) 내적으로, 지리학은 경관을 통합하고 경관의 개성(personality) 혹은 주요 특성을 찾는 연구로부터 자연지리, 인문지리와 경제지리로 연구되는 분석적 특성의 '법칙 정립적 종합(chorological synthesis)' 과학으로서 인식이 점점 높아지고 있다. b) 외적으로, 지리교과는 점점 더 상호의존적인, 즉 상호연계되고 보완적인 단위(units), 간단히 말하면 지구촌으로서 세계의 특성을 상상하는 방향으로 나아가고 있다. 대조적으로 이런 점이 지속적으로 강조되고 있고, 지리교육이 국제이해의 정신을 개발하는 데 도움을 주는 방법을 보여 주는 데 이용되고 있다"(UNESCO, 1951k, 27-28). 그래서 지리교과는 국제이해를 이끌 충분한 이유를 지니고 있다. 그 이유는 "a) 지리학은 역사가 시간의 감각을 주는 과학이듯이, 공간의 감각을 주는 과학이다. 그래서 지리교과는 인류의 배경을 형성하고 있는 특성을 먼저 기술한 다음, 이를 설명하는 마음의 지평을 확장한다. b) 인문지리는 모든 사람에 대한 공통적인 관심과 자연환경에의 적응과 자연환경을 인간에 최적화하는 인류의 노력을 분명히 가져온다. c) 경제지리는 다양한 국가의 상호의존성과 보완성을 보여 주고 있다."(UNESCO, 1951k, 28-29)이다.

IV. 세미나의 결과가 가지는 의의

본 장에서는 1950년 전후 유네스코의 국제이해교육 활동과 지리교육과의 연계성에 대해서 살펴보았다. 유네스코는 제2차 세계대전 이후 교육을 통하여 세계 평화를 구축하기 위하여 국제이해교육을 실시하였다. 그리고 국제이해교육을 실천하는 학교 교과목으로 지리과목을 선택하였다. 1950년 전후, 유네스코는 국제이해교육의 도구로서 지리수업이라는 세미나를 실시한 후 '국제이해를 위한 지리수업'이라는 보고서를 채택하였다. 그리고 세계 각국에 국제이해교육을 위한 지리수업의 지침을 보급하였다.

유네스코는 캐나다 맥도날드 대학교에서 6주 동안의 세미나를 실시하기 위하여 수차례 준비를 하였다. 그리고 실제로 6주 동안 5개 분과로 나누어서 본 세미나를 실시하였다. 이 세미나를 마치면서, 초중등학교에서 지리과목은 국제이해교육을 위한 최적의 과목임을 제시하였다. 그것은 지리과목이 이미 세계지리, 인문지리, 경제지리 등을 통하여 지구촌으로서의 세계를 다루고 있기 때문이다. 그리고 지리과목이 학생들에게 세계적 마인드를 가르치는 데 가장 적절했기 때문이다.

본 세미나의 제목에서 보여 주듯이, 유네스코는 학생들에게 국제이해를 가르치는 데 지리교과를 중요한 도구과목으로 인식하였음을 알 수 있다. 그래서 유네스코는 지리(교육)학 자체에 대한 관심보다는 초중등학교에서의 지리수업에 주로 관심을 가졌다. 지리교육 측면에서 본 세미나는 지리수업의 교수요목이나 수업방법 등에 대한 관심을 많이 가졌고, 학교 현장에서 이들을 개선하는 데 중요한 지침을 주었다는 점에서 큰 의의를 찾을 수 있다. 비록 유네스코의 국제이해교육이라는 목적을 두고 이루어진 세미나일지라도, 전 세계 70명의 지리학 전공 교수와 지리교사가 지리 교육에 대해서 진지하게 논의를 한 것만으로도 충분한 의의를 찾을 수 있다. 그 점은 본 세미나 보고서의 내용을 보아도 확인할 수 있다. 본 세미나 보고서에서 서론과 결론을 빼고 본론의 7개의 장을 보면, 제1장 지리교육의 심리적 기초, 제2장 교수요목, 제3장 수업방법, 제4장 수업자료, 제5장 교사연수, 제6장 학교교사에 대한 정보 제공과 제7장 지리교육과 국제이해이다. 제7장을 뺀 모든 장들이 지리교육이 다루는 핵심적인 내용이다. 특히 지리교육의 심리적 기초를 다룬 것은 지리교육 관련 논문이나 책에서 새로운 시도라고 볼 수 있다. 학생들의 심리적 기초와 교육과정, 수업 활동 등을 연계시켜 논의한 의미로운 시도를 하였다.

또한 영미권의 지리교육 전문가들이 한 자리에 모여서 세미나를 가진 점도 큰 의의가 있다. 제3세계 국가의 전문가들도 참여하였지만, 이 논의의 중심을 이끈 전문가들은 유럽과 북미의 국가 출신들이다. 이 논의를 준비하는 과정에서 사회과를 중심으로 지리교육을 펼쳐가는 미국권과 지리, 역사 등의 독립과목으로 지리교육을 실시하는 유럽권, 특히 영국과 프랑스의 차이를 실감하기도 하였다고 본다. 결과적으로, 본 세미나가 지리교육을 중심으로 실시되었으나, 이것이 유엔을 주도한 미국의 지리교육에 영향을 미쳤다고 보기는 어렵다.

본 세미나는 1950년대를 중심으로 사회과학 영역의 세분화되고 과학화되는 시기에 이루어졌다. 그래서 학문적 논의를 중심으로 지리학의 변화를 추구하고자 하는 지리(교육)학자와 기존의 지역지리 중심의 지리교육에 익숙한 지리교사들 사이의 사고와 실천 차이를 보여 주고 있다. 즉, 실증주의적 분석방법을 도입하여 법칙정립적 학문으로 나아가고자 하는 지리(교육)학자와 전통적인 개성기술적 지리교과서와 교육과정에 익숙한 지리교사와의 차이를 잘 보여 주고 있다. 그런데 국제이해교육은 기본적으로 국가 간의 차이를 존중하고 이해하고자 하는 데 목적을 두기에, 지역지리, 특히 세계지리에 중점을 둔 지리교육이 국제이해에 보다 큰 기여를 할 수 있다. 최근 지리교육이 장소, 문화, 다양성, 다문화 등에 관심을 가지는 것과 같이, 당시의 국제이해교육도 타국가나 타문화에 대한 이해를 고양시키고자 하였다. 그러나 지리(교육)학은 이론화, 법칙화 등을 지향하고자 하였다. 지리교사 역시 지리수업 시간에 사실 나열이 주는 피로감을 벗어날 수 있는 계기로 받아들였을 것으로 추측된다. 그래서 보고서의 구성도 지리교육 중심으로 이루어졌을 것으로 사료된다.

1950년에 실시한 '국제이해 개발을 위한 도구로서 지리수업' 세미나는 지리교육 측면에서 지리교육의 이론적 측면을 고찰할 수 있는 계기를 제시하였다. 그리고 현재의 지리교육에서 다루는 지리교육의 일반론을 충분히 제시해 주고 있다. 제목이 '국제이해 개발을 위한 도구로서 지리수업'이라고 되어 있지만, 세계에서 모인 지리(교육)학 전문가와 지리교사는 본 세미나에서 지리교육에 목적을 두고서 지리교육의 이론적 토대를 닦는 데 노력한 것으로 판단된다.

참고문헌

강순원, 2005, 국제이해교육에서의 평화와 인권 문제, **국제이해교육연구** 창간호, 한국
　　국제이해교육학회, 17-33.
강순원, 2014, 국제이해교육 맥락에서 한국 글로벌 시민교육의 과제, **국제이해교육연
　　구** 9(2), 한국국제이해교육학회, 1-31.
강순원, 김현덕, 이경한, 김다원, 2017, 국제이해교육의 변천과정에 관한 교육사회사적
　　연구, **교육학연구** 55(3), 한국국제이해교육학회, 287-314.
김다원, 이경한, 2017, 한국 국제이해교육 이행 현장에 관한 연구, **국제이해교육연구**

12(2), 한국국제이해교육학회.

김신일, 2000, 세계화 시대 국제이해교육, **국제이해교육** 창간호, 유네스코 한국위원회, 9-16.

김신일, 김영화, 김현덕, 1995, **국제이해교육의 실태와 국제비교연구**, 서울: 유네스코 한국위원회.

김현덕, 2000, 국제이해교육의 개념과 방향, **국제이해교육** 창간호, 유네스코 한국위원회, 85-124.

유 철, 2000, 한국의 국제이해교육을 위한 제언, **국제이해교육** 창간호, 유네스코 한국위원회, 17-26.

이경한, 2014, 국제이해교육 관점에서 문화다양성교육의 탐색, **국제이해교육연구** 9(2), 한국국제이해교육학회, 33-57.

이경한, 2017, 제2차 세계대전 이후 유네스코의 국제이해교육 활동과 지리교육, **초등교육연구** 28(2), 전주교육대학교 초등교육연구원, 47-60.

이경한, 김현덕, 강순원, 김다원, 2017, 국제이해교육 관련개념 분석을 통한 21세기 국제이해교육의 지향성에 관한 연구, **국제이해교육연구** 12(1), 한국국제이해교육학회, 1-48.

이승환, 2000, 새로운 국제이해교육을 위하여: 유네스코 국제이해교육사업에 관한 비판적 검토를 바탕으로, **국제이해교육** 창간호, 유네스코 한국위원회, 27-56.

주혜연, 2006, UNESCO 국제이해교육의 전개과정과 발전방향, **사회과학연구논집** 30, 99-124.

지바 아키히로, 1999, 국제이해교육의 국제적 전망과 동향, **유네스코포럼** 10, 유네스코 한국위원회, 10-39.

Eckhauser, I. A., 1947, Education for International Understanding, *The Social Studies* 38, 294-295.

Fujikane, H., 2003, Approaches to Global Education in the United States, The United Kingdom and Japan, *International Review of Education* 49(1-2), 133-152.

Hart, D. V., 1947, Unesco and International Education, *The Social Studies* 38(11), 307-308.

International Bureau of Education, 1994, *Education for International Understanding: the Case of Ethiopia.*

Korean National Commission for UNESCO, 1981, *Education for International*

Understanding, Korean National Commission for UNESCO.

Lawson, T., 1969, *Education for International Understanding*, UNESCO Institute for Education.

Manuel, J. L., 1968, Educational for International Understanding, *Southeast Asia Quarterly*, 20-28.

Martinez de Monretin, J. I., 2011, Developing the Concept of International Education: Sixty Years of UNESCO History, *Prospects* 41, 597-611.

Suarez, D. F., Ramirez, F. O., Koo, J., 2009, UNESCO and the Associated School Projects: Symbolic Affirmation of World Community, International Understanding, and Human Rights, *Sociology of Education* 82(3), 197-216.

The Committee on International Relations of the National Education Association, the Association for Supervision and Curriculum Development, and the National Council for the Social Studies, 1948, *Education for International Understanding in American Schools: Suggestions and Recommendations*, Washington DC: National Education Association of the United States.

Tye, K. A., 2009, A History of the Global Education Movements in the United States, 3-24. Kirkwood-Tucker, T. F., 2009, *Visions in Global Education*, Peter Lang.

UNESCO, 1947, *Social Studies and International Understanding*(문서번호: Sem. Sec. I/12 august 27th, 1947)

UNESCO, 1949a, *The Teaching of Geography and World Understanding*, UNESCO, International Bureau of Education(문서번호: Unesco/ I.B.E./124, 1949)

UNESCO, 1949b, *Recommendation No.26 To the Ministries of Education Concerning The Teaching of Geography and International Understanding*, (문서번호: Unesco/I.B.E./142, 1949)

UNESCO, 1950a, *International Educational Seminar on the Teaching of Geography: General Information and Draft Program* (문서번호: Unesco/SEM.50/ I/1(rev.) 4/3/1950).

UNESCO, 1950b, *The Teaching of Geography as a Means of Developing International Understanding, Enquiry Form* (문서번호: Unesco/SEM.50/ I/2 Paris, 23 January 1950)

UNESCO, 1950c, *Note on the Individual Preparations of Participants* (문서번호: Unesco/SEM.50/I/3(rev.), 2/10/1950)

UNESCO, 1950d, *Outline for Statements on the Teaching of Geography in the Countries of the Various Participants* (문서번호: Unesco/SEM.50/I/4 Paris, 8 February 1950)

UNESCO, 1950e, *Outline for Bibliographies on the Teaching of Geography in the Countries of the Various Participants* (문서번호: UNESCO/Sem./50/I/5, Paris, 13 February 1950).

UNESCO, 1950f, *Proposed Work Plan* (문서번호: UNESCO/SEM 50/I/7 Paris, 9 June 1950)

UNESCO, 1950g, *Relating the Teaching of Geography to the Work of the United Nations* (문서번호: Unesco/ SEM 50/Loc. 11 Macdonald College, July 17, 1950)

UNESCO, 1950h, *Building Foundations of International Understanding in Secondary School Youth through Geography: Suggested Guide for the Geography Teacher* (문서번호: Unesco SEM 50/I/LOC 13, Macdonald College, July 17, 1950)

UNESCO, 1950i, *The Psychology of the Child and the Adolescent* (문서번호: Unesco SEM 50/I/ LOC 34 August 10, 1950)

UNESCO, 1950j, *Geography and World Understanding Regarded from a Psychological Viewpoint* (문서번호: Unesco/SEM 50/I/Loc.36 Macdonald College-August 15, 1950)

UNESCO, 1951k, *Geography Teaching for International Understanding*, UNESCO
UNESCO Courier, 1949년 5월호(Vol.2, No.4), UNESCO).

Ursula, S., 1955, Geography and International Understanding, *Jr. of Geography* 54(4), 167-174.

White, J., 2011, The Peaceful and Constructive Battle: UNESCO and Education for International Understanding in History and Geography, 1947-1967, *International Jr. Educational Reform* 20(4), 303-321.

2장

유네스코 지리교재의 비교 연구

I. 서론

유네스코는 제2차 세계대전 이후 국가 간의 이해 증진을 위하여 많은 노력을 하였다. 그중에서도 유네스코는 학교 교육을 통하여 국제이해를 증진하고자 노력하였다. 그중 대표적인 노력이 유네스코 협력학교이다. 유네스코 협력학교를 통하여 미래의 시민인 학생들이 국제이해를 통하여 세계 평화, 인권 등의 증진에 기여할 수 있도록 노력하고 있다. 이때 학교교육에서 국제이해를 담당할 과목으로서 가장 대표적인 교과는 지리교과였다. 지리교과는 세계 여러 국가들의 자연환경, 인문환경 등을 고루 다루고 있어서 국제이해를 감당하는 데 가장 최적의 교과로 인정받았다. 그래서 1950년에 유네스코는 '국제이해 개발을 위한 수단으로서 지리수업(The Teaching of Geography as Means for Developing International Understanding)'을 위한 세미나를 가졌다. 그리고 이 세미나는 보고서를 채택하였는데, 보고서는 지리수업에서 행할 수 있는 국제이해교육의 두 가지 접근방법을 제안하였다. 즉, 1. 세계인의 연합과 상호의존적인 세계에 대한 의무감을 갖도록 하는, 국제이해에 우호적인 태도를 지닌 학생들의 양성, 2. 다른 나라와 사람들, 모든 인종, 종교와 국가의 세계 문화에의 기여, 현대 세계의 상호의존을 강조하면서 국가 간의 갈등과 그 원인의 역사, 국제협력의 개발과 세계 공동체의 필요성, 시사와 현대 문제, 그리고 유엔과 산하 특별기구에 대한 정보 보급이다(UNESCO, 1950h, 2; 이경한, 2017에서 재인용). 그리고 지리교과가 국제이해교육을 감당해야 하는 이유를 "a) 지리학은 역사가 시간의 감각을 주는 과학이듯이, 공간의 감각을 주는 과학이다. 그래서 지리교과는 인류의 배경을 형성하고 있는 특성을 먼저 기술한 다음, 이를 설명하는 마음의 지평을 확장한다. b) 인류의 지리학은 모든 사람에 대한 공통적인 관심과 자연환경에의 적응과 자연환경을 인간에 최적화하는 인류의 노력을 분명히 가져온다. c) 경제지리는 다양한 국가의 상호의존성과 보완성을 보여 주고 있다."(UNESCO, 1951k, 28-29; 이경한, 2017 재인용)이다.

지리교과가 국제이해를 위한 중요한 교과로서 인정을 받으면서, 유네스코는 지리수업을 위한 교재를 편찬하였다. 그 첫 번째 결과는 1951년에 Scarfe를 대표 저자로 해서 출간한 'A Handbook of Suggestions on the Teaching of Geography'이다. 이 책은 1959년에 김경성이 『세계이해를 위한 신지리교육의 지침』(동국문화사)으로 번역하여 국내에 소개되었다. 그다음으로 유네스코는 1961년에 'UNESCO Source Book for the Teaching of Geography'라는 사전 편집본을 만든 후에 이를 전 세계의 지리교육학자들에게 회람하여 수정하였다. 그리고 1965년에 Benoit Brouillette를 대표 저자로 해서 'UNESCO Source Book for Geography

Teaching'(Longman, Green & Co Limited)으로 출판되었다. 이 책은 1972년에 이찬, 김연옥, 권혁재가 공동으로 『지리교육의 원리와 사례』(유네스코 한국위원회)라는 제목으로 번역하여 소개하였다. 그리고 유네스코는 1982년에 UNESCO Source Book for Geography Teaching을 넘어서서 Norman Graves를 대표 저자로 해서 'New UNESCO Source Book for Geography Teaching'(Longman/The UNESCO Press)을 출판하였다. 이 책은 1995년에 이경한 교수가 『지리 교육학 강의』(명보문화사)라는 제목으로 번역하여 국내에 소개하였다. 유네스코는 지리교과를 통하여 국제이해를 달성하기 위하여 공식적으로 3권의 책을 출판하였다. 이 책들은 1951년, 1965년, 1982년에 각각 10년이 훌쩍 넘는 터울로 출판되었다. 그래서 본 장에서는 유네스코가 발간한 지리교재의 내용을 비교하여 그 변화를 분석하고자 한다. 유네스코가 출간한 A Handbook of Suggestions on the Teaching of Geography, 그리고 유네스코가 중심이 되어 연구용역을 발주하여 세계지리연합(IGU) 지리교육분과위원회가 주관하여 저술한 UNESCO Source Book for Geography Teaching과 New UNESCO Source Book for Geography Teaching을 분석 대상으로 하였다. 여기서는 3권의 책 사이에서 나타나는 특성을 머리말, 서론, 목차, 주요 내용 등을 중심으로 상호 비교하고자 한다.

II. 유네스코 지리교재의 비교 분석

여기서는 유네스코 지리교재를 머리말, 서론, 목차, 내용 등을 중심으로 살펴보고자 한다.

1. 머리말의 비교

머리말(서언)은 유네스코가 책을 기획한 의도를 밝히기 위하여 쓴 글이다(표 1). 머리말은 유네스코의 기획 의도를 살펴보는 데 매우 유익한 글이다. 1951년판 A Handbook of Suggestions on the Teaching of Geography의 머리말에는 '국제협력의 증진을 방해하는 많은 편견은 학교지리에 관심을 가져야 하는 중요성에 대한 무지 때문'(Scarfe, 1951, 3)이라고 명시하고 있다. 그리고 이 책은 '좋은 지리수업이 학생들의 마음에 자연스럽게 국제적 선의(international goodwill)의 태도를 가지도록 도움을 줄 수 있는 방법'(Scarfe, 1951, 4)임을 밝히고 있다. 1982년판 New UNESCO Source Book for Geography Teaching의 머리말에는 유네스코가 행한 의도를 보여 주고 있다. 즉 "유네스코는 교육과정, 교수방법과 교수자료를 개선해서 국제이해와 평화, 인권 존중을 위한 교육을 시행하기 위한 프로그램의 일부로서, 국제전문가들의 경험을 통해서 얻은 정보와 제안을 교육과정 계획 전문가와 학교교사들에게 제공할 목적으로 많은 책자와 안내서를 발간해 왔다."(이경한 역, 1995, 1)고 밝히고 있다. UNESCO Source Book for Geography Teaching(1965)은 지리교과가 '국제이해를 개선하는 데 도움이 되길' 바란다고 말하고 있다. 그리고 New UNESCO Source Book for Geography Teaching(1982)은 "지리교과의 중요한 기여인 국제이해, 협력과 평화의 고양에 일익을 담당하는 데 있다."고 적시하였다. 두 교재의 공통적인 의도는 국제이해에의 기여이다. 하지만 New UNESCO Source Book for Geography Teaching (1982)은 국제이해와 함께 '협력과 평화의 고양'이 추가되었다. 이것은 유네스코가 1974년에 선언한 '국제이해, 협력, 평화를 위한 교육과 인권, 기

〈표 1〉 유네스코 교재의 머리말 비교

	A Handbook of Suggestions on the Teaching of Geography(1951)	UNESCO Source Book for Geography Teaching(1965)	New UNESCO Source Book for Geography Teaching(1982)
머리말 (서언)	이 책은 좋은 지리수업이 학생들의 마음에 자연스럽게 국제적 선의(international goodwill)의 태도를 가지도록 도움을 줄 수 있는 방법임을 보여 주고자 한다.	지리수업의 수준을 높이고, 동시에 이 중요한 학교 교과의 공헌을 크게 하여 국제이해를 개선하는 데 도움이 되기를 바란다.	이 책의 목적은 이 책을 통해서 지리교육의 수준 향상과 더불어, 지리 교과의 중요한 기여인 국제이해, 협력과 평화의 고양에 일익을 담당하는 데 있다.

본 자유에 관한 교육 권고(The Recommendation concerning Education for International Understanding, Cooperation and Peace and Education relating to Human Rights and Fundamental Freedoms)' 안을 반영한 결과이다.

2. 서론의 비교

서론은 저자가 책을 쓰는 목적에 대해서 안내해 주는 역할을 한다. A Handbook of Suggestions on the Teaching of Geography(1951)는 서론을 작성하지 않았다. 그러나 8년이 지난 후 이 책의 한국어판에 제시한 저자의 서문에서 그 의도를 간접적으로 알 수 있다. 여기서 저자는 "아동들이 세계 각 지역에서 선정된 자세한 원지식을 실제로 부지런히 공부함으로써 어떻게 하면 아주 단순하게 도달할 수 있을 것인가를 가르치는 것이다."(김경성 역, 1959, 1)라고 제시하였다. UNESCO Source Book for Geography Teaching(1965)은 캐나다 왕립학회 회원이자 국제지리연합의 지리교육분과위원장인 Benoit Brouillette가 작성하였다. 그리고

New UNESCO Source Book for Geography Teaching(1982)은 국제지리연합의 지리교육분과위원장인 Norman Graves가 작성하였다(표 2). 두 위원장은 책임 저자로서 유네스코 교재를 저술하였으며, 책의 전반적인 의도와 내용방향을 제시해 주는 서론을 작성하였다. 먼저, UNESCO Source Book for Geography Teaching(1965)은 유네스코가 지리교재를 제작하는 이유를 다음과 같이 명시하였다.

> 유네스코는 국민 상호 간의 이해를 증진시키는 데 지리가 의미 깊은 공헌을 할 수 있다는 신념하에서 이 연구물을 출판한다. 지리교수법의 개선은, 보다 낳은 국제이해를 위해서 지리가 교과요목 중에 오랫동안 포함되어 온 국가에나, 교육제도의 전면적인 현대화를 기도하고 있는 국가에 다 같이 요구된다. (이찬, 김연옥, 권혁재, 1972, viii)

UNESCO Source Book for Geography Teaching(1965)은 유네스코의 교재 제작 의도를 "하나는 지리가 국가 간의 관계를 개선하는 데 도움을 주는 방법을 시도하고 보여 주는 것이었고, 다른 하나는 교사들에게 교수법의 개선에 대해서 구체적인 조언을 주는 것이었다."로 해석하였다. 그리고 저자들은 후자를 목표로 정하였다. 즉, 유네스코가 지리교과를 통하여 국제이해를 돕고자하는 의도를 잘 알고 있었으나, 지리교육의 현실적인 이유로 지리교수법의 개선에 초점을 맞추어서 교재를 저술하였다. 저자들은 지리교육에서 국제이해를 지리교과의 잠재적 목표로 보고 있음을 분명히 하였다. 그리고 New UNESCO Source Book for Geography Teaching(1982)의 저자들은 이 책을 '변화의 증거'라고 서술하였다. 1965년의 책이 1960년대에 지리학에서 일어난 방법론에서의 계량혁명, 그리고 공간 개념들을 다룬 개념혁명을 충분히 반영하지 못하였고, 이를 학교 현장에 영향을 주지 못하였다고 적시하였다. 그리고 "그 당시에는 지리교육의 주요 목적을 일부 관심을 가지고 있는 학생들에게나 교육적이라고 판명됨 직한 다양한 세계 경관의 기술이라고 보았다."(이경한 역, 1995, 3-4). 즉, UNESCO Source Book for Geography Teaching(1965)이 저술될 당시만 해도 지리학은 '개성기술적' 학문이 지배적이었다고 보고 있다. 그 당시에는 지리교육의 주요 목적을 일부 관심을 가지고 있는 학생들에게나 교육적이라고 판명됨 직한 다양한 세계 경관의 기술이라고 보았다(이경한 역, 1995, 3-4). 하지만 New UNESCO Source Book for

<표 2> 서론의 비교

	UNESCO Source Book for Geography Teaching(1965)	New UNESCO Source Book for Geography Teaching(1982)
서론	유네스코가 저자들에게 이 책의 착수를 요청할 때 주요 목표는 세계 여러 곳의 학교에서 가르치거나 공부하는 모든 사람들에게 도움을 주며 방향을 제시하자는 데 있었다. 이 과업은 쉽지 않았다. 첫째로 이 책이 어떤 기능을 이행해야 할지를 결정할 필요가 있었다. 즉 하나는 지리가 국가 간의 관계를 개선하는 데 도움을 주는 방법을 시도하고 보여 주는 것이었고, 다른 하나는 교사들에게 교수법의 개선에 대해서 구체적인 조언을 주는 것이었다. 저자들은 지리가 잘 가르쳐지지 않으면 본래의 목적을 성취할 수 없다는 점을 납득하고 두 번째 목적을 택했다.	오늘날에는 지리학의 개념 혁명을 받아들이는 것은 물론이거니와 지각(perception), 복지지리학(welfare geography)도 받아들이고 있는 실정이나. 개념 혁명은 지리학의 철학과 방법론 두 측면에서의 혁신적인 변화를 의미한다. 오늘날 지리학은 지표상의 인간 행태의 공간적 측면에 많은 관심을 두면서 법칙, 이론, 원리를 개발하고자 하는 학문으로 변화하고 있다. 지리학의 방법론은 사회과학과 자연과학의 방법론에 모두 개방적이다. 또한 교육학도 교육의 과정(process of education)에 대한 연구에서 많은 실질적인 진보가 이루어지고 있다. 교사들은 아동과 성인의 정신발달에 관한 피아제와 브루너의 연구 모형을 알고 있을 뿐만 아니라, 교육과정의 개발과 계획에 관한 문제도 다루고 있다.

Geography Teaching(1982)은 '법칙정립적' 지리학을 온전히 담고 있음을 보여 주고 있다. 지리학이 공간지리학으로 변화하고 계량혁명을 통한 법칙을 지향하고 있음과 교육학에서 교육과정, 탐구학습 등의 변화를 반영하고 있다.

서론을 보면, 국제이해를 목표로 하는 유네스코의 의도는 충분히 인정하고 있지만, 지리교육계는 유네스코의 지원을 지리교육학의 학문적 토대를 구축하는 데 활용하고 있음을 보여 주고 있다. 그래서 국제이해는 지리교육의 잠재적 목적에 해당하기에, 지리교육은 당장 법칙정립적 지리학으로의 변화를 지리교재에 반영하여 수업방법의 변화를 도모하고 있음을 볼 수 있다.

3. 목차의 비교

A Handbook of Suggestions on the Teaching of Geography(1951)의 목차는 4개의 장으로, UNESCO Source Book for Geography Teaching(1965)은 8개의 장으로, 그리고 New UNESCO Source Book for Geography Teaching(1982)은 10개의 장으로 구성되었다(표 3). A Handbook of Suggestions on the Teaching of Geography(1951)의 목차는 지리교과와 국제이해, 교수요목과 수업방법, 교수자료로 구성되어 있다. UNESCO Source Book for Geography Teaching(1965)은 지리교육의 목적론인 제1장, 지리수업방법론인 제3장과 제4장, 지리수업자료인 제5장, 제6장과 제7장, 지리교육과정인 제7장으로 구성되었다. 그리고 New UNESCO Source Book for Geography Teaching(1982)의 구성은 지리교육의 목적론인 제1장, 지리교육의 심리적 기초인 제2장, 지리수

업방법론인 제3, 4, 5, 6, 7장, 지리 학습자료인 제8장, 지리교육과정인 제9장과 지리교육평가인 제10장으로 구성되어 있다.

A Handbook of Suggestions on the Teaching of Geography(1951)는 목차에서 유네스코의 취지를 분명하게 제시하기 위하여 제1장에서 '지리교과와 국제이해'라고 명시하였다. 제2장에서는 연령별 지리교수요목과 수업방법을, 그리고 제3장에서는 수업 교구를 다루고 있다. UNESCO Source Book for Geography Teaching(1965)은 지리수업방법과 지리수업자료를 중점적으로 강조하고 있다. 지리수업방법에서는 직접 관찰과 간접 관찰 방법을 제시하여 지리수업이 단순 암기과목이 아니고 새로운 변화를 추구해야 함을 강조하고 있다. 그리고 교사와 학생이 경험

〈표 3〉 목차의 비교

	A Handbook of Suggestions on the Teaching of Geography(1951)	UNESCO Source Book for Geography Teaching(1965)	New UNESCO Source Book for Geography Teaching(1982)
목 차	제1장 지리교과와 국제이해 제2장 교수요목과 수업 방법에 대한 제안 제3장 교수자료 제4장 결론	제1장 지리학의 중요성과 교육적 가치 제2장 지리교수의 본질과 개념 제3장 지리교수의 기술: 직접 관찰 제4장 지리교수의 기술: 간접 관찰 제5장 교구 제6장 지리교실 제7장 지리수업의 구성 제8장 기록물의 소재	제1장 지리교육의 목적과 가치 제2장 정신적 발달과 지리교육 제3장 지리교과의 교수학습 방법 제4장 지리교과에서의 문제 해결학습 제5장 지리학습과 정보수집 기능 제6장 지리학습과 정보처리 기능 제7장 지리학습 자료의 분석과 모형 작성 제8장 지리학습 자료의 관리 제9장 지리교육과정의 계획 제10장 지리교육의 평가

하지 못한 세계와 지역을 다루는 지리수업에서 시청각 자료, 문헌자료 및 자료 갖춘 지리교실을 강조하였다. New UNESCO Source Book for Geography Teaching(1982)은 지리교육학의 영역을 교육학에서 다루는 영역에 거의 맞추어서 목차를 구성하였다. 지리교육 목적론, 지리교육심리, 지리수업방법론, 지리교육과정론과 지리평가론을 균형 있게 다루고 있다. 그중에서 제2장에서 지리교육의 심리적 기초, 제10장에서 지리교육의 평가를 보다 명료하게 다룬 점이 1965년의 책과 매우 다른 특성이다. 그리고 5개의 장에서 지리수업방법론을 다루고 있는 점도 매우 특기할 만하다.

4. 내용의 비교

여기서는 지리교육의 목적, 지리교육심리, 지리수업방법, 지리수업자료를 중심으로 비교해 보고자 한다. 먼저, A Handbook of Suggestions on the Teaching of Geography(1951)는 "학교교육과정에서 지리교과의 중요성은 대체로 자연환경이 인간생활, 행태와 태도에 중요하고 분명한 영향을 미친다는 사실 때문이라고" 제시하였다. 그리고 지리교과를 적절하게 배워야 할 4가지 주요 목적은 학생들이 스스로 사고하도록 돕고, 지리 지식을 요하는 경험을 준비하도록 하고, 독서나 여행과 같은 여가를 즐기도록 하고, 마지막으로 세계시민성을 교육(training)시키는, 즉 국제이해 정신과 국제적 선의를 갖도록 하는 데 있다(Scarfe, 1951, 7). 제1장에서는 지리교과가 다음과 같은 특별한 지식, 기능과 태도를 제공할 수 있다고 제시하였다.

지식과 기능

1. 인간이 세계 주요지역에서 자신의 환경을 선택하여 이용하는 주요 방식을 이해하는 데 필요한 지리적 사실, 개념과 관계에 관한 지식
2. 지리적 정보를 얻는 구체적인 도구, 즉 그림, 지도, 지구본, 견본, 모형, 그래프, 통계표, 교재와 야외활동에 대한 지식과 이를 이용하는 능력

태도와 사고

1. 인간의 다양한 문제가 환경의 차이와 어떻게 관련되어 있는가에 대한 이해와, 이런 이해를 통해서 타인의 문제, 업적과 가능한 미래 발전에 대한 개방적 태도의 개발.
2. 지리적 사실, 개념과 관계가 개인이 시사 문제, 지역 문제, 국가 문제와 국제 문제에 대한 보다 지적인 인식을 가져올 수 있게 한다는 진리(truth)에 대한 이해
3. 지역과 인간의 경제적 그리고 문화적 상호의존에 대한 이해력 증진
4. 자연자원의 가치와 이의 현명한 이용에 대한 이해

UNESCO Source Book for Geography Teaching(1965)은 지리학의 중요성을 다루고 있다. 1960년대의 지리학의 패러다임 변화를 유네스코 교재에 담아내려고 노력한 점을 볼 수 있다. 그리고 유네스코가 요구하는 국제이해로부터 완전히 자유롭지 못하여 지리학이 국제협력을 지향해야 하고, 그 사례로서 국제연합(UN)에 대한 교육을 제1장에서 다루었다. 그리고 지리교육의 잠재적 교육목표인 교육적 가치를 관찰력, 기억력과 상상력, 판단력과 추리력, 지리관의 훈련으로 제시하였다. 반면 New UNESCO Source Book for Geography Teaching(1982)은 지리교육의

	A Handbook of Suggestions on the Teaching of Geography(1951)	UNESCO Source Book for Geography Teaching(1965)	New UNESCO Source Book for Geography Teaching(1982)
장제목	제1장 지리교과와 국제이해	제1장 지리학의 중요성과 교육적 가치	제1장 지리교육의 목적과 가치
소제목		1. 지리학의 중요성 -교재 선택의 필요성 -추구하는 목적 -동적 지리학 -국제협력의 지향 -2조의 사례: 프랑스의 동력자원, 국제연합에 대한 교육 -미래를 지향하는 과학 -지역연구와 응용지리 2. 교육적 가치 -지리학습에서 길러지는 정신적 적응력: 관찰력, 기억력과 상상력, 판단력과 추리력, 지리관의 훈련	1. 서론 2. 지리교육의 변화 -교육환경의 변화 -학생들의 변화 -지리적 지식의 변화 3. 지리교육의 목적 -입지와 분포의 분석 -환경 분석 -공간조직의 연구 4. 지리교육의 가치 -지리교육의 상대적 가치 -지리교육의 본질적 가치 5. 공간적 능력 신장을 위한 교육 6. 결론

변화를 '교육환경의 변화, 학생들의 변화, 지리적 지식의 변화'에서 살펴본 후 지리교육의 목적을 법칙지향적 지리학의 패러다임으로 설정하였다. 지리학의 패러다임을 공간지리학으로 규정하고 이에 공간적 능력을 갖춘 학생들을 육성하는 것이 지리교육의 절대적 목표임을 제시하였다. 공간적 능력을 갖춘 학생은 경제적 가치, 생태적 가치, 사회적 가치, 공간적 가치를 높일 수 있다고 제시하였다(표 4).

다음으로 유네스코 교재는 지리수업방법론에 관심을 보였다. A Handbook of Suggestions on the Teaching of Geography(1951)는 지리수

업을 지식과 기능을 획득하는 단계, 이를 연습하는 단계와 이를 활용하는 단계로 제시하였다. 지식과 기능을 획득하는 단계에서는 과학적 관찰, 탐구활동을, 연습하는 단계에서는 게임, 팀워크 활동, 백지도 그리기 등을, 그리고 활용하는 단계에서는 지식 획득 과정에서 얻은 느낌과 사고에 대한 능동적이며 창의적인 표현이 있다. UNESCO Source Book for Geography Teaching(1965)은 '제3장 지리교수의 기술: 직접 관찰'과 '제4장 지리교수의 기술: 간접 관찰'을 제시하였다. 제3장 지리교수의 기술: 직접 관찰은 지리적 지식을 현장에서 관찰과 조사를 통하여 얻는 방법과 사례를 제시하였다. 제4장 지리교수의 기술: 간접 관찰은 지리 학습에서 자주 사용하는 지도, 도표, 지구의, 사진, 통계 등을 활용한 지리수업 방법을 제시하였다. 그리고 New UNESCO Source Book for Geography Teaching(1982)은 지리수업방법론을 전체 10개 장 중에서 5개의 장으로 제시하였다. 그것은 '제3장 지리교과의 교수학습 방법', '제4장 지리교과에서의 문제해결학습', '제5장 지리 학습과 정보수집기능', '제6장 지리 학습과 정보처리기능'과 '제7장 지리 학습 자료의 분석과 모형 작성'이다. 여기서 수업방법은 탐구학습의 절차인 자료의 수집, 자료의 분석 및 분석 결과의 해석에 맞추어서 제시하였다.

다음으로 유네스코 교재는 지리수업 교구에 초점을 맞추었다. 지리수업이 모든 지역을 직접 경험할 수 없는 현실적인 어려움을 극복하기 위한 도구로서 교구를 강조하였다. UNESCO Source Book for Geography Teaching(1965)은 '제5장 교구'에서 지리수업을 도와주는 교구로서 칠판, 교과서, 지구본, 벽지도, 각종 기구, 모형, 표본, 실물 화상기, 프로젝터, 복사기, TV, 지도 등을 제시하였다. 그리고 '제6장 지리교실'에서 이런 교구를 갖춘 지리교실의 중요성을 제시하였다. 또한 '제8장 기록물의 소재'

에서는 각종 참고문헌을 제시하였다. New UNESCO Source Book for Geography Teaching(1982)은 '제8장 지리 학습 자료의 관리'에서 지리수업의 교구로서 슬라이드, 환등기, 오버헤드 프로젝터, 항공사진, 지형도 등을 제시하였다. 그리고 지리수업을 위한 지리교실에 필요한 공간 배치, 자리 배치, 실습 공간, 보관 공간, 자료실, 교과서, 컴퓨터 등을 다루었다. 여기서는 1965년에 비해서 항공사진, 컴퓨터 등 진일보한 지리수업 자료를 소개하였다.

다음으로 시리교육과정을 살펴볼 수 있다. A Handbook of Suggestions on the Teaching of Geography(1951)는 연령별로 6–9세, 9–12세, 12–15세, 15–18세의 교수요목을 제시하였다(표 5). 이의 기준으로 심리적 고려와 교수요목을 제시하였다. UNESCO Source Book for Geography Teaching(1965)은 '제7장 지리수업의 구성'에서 학교 급별로 교수요목을 선정하는 기준을 제시하였다(표 6). 연령 단계를 고려하여, 초등학교 단계는 포괄적 접근, 중학교 또는 고등학교 저학년은 형식을 갖춘 지리적 접근, 고등학교 고학년은 순수 과학적으로 접근할 것을 제안하였다.

그리고 지지(地誌)의 교수요목은 네 기준, ① 학교주변과 향토지리, ② 국토지리, ③ 자국이 속한 대륙지리 ④ 다른 대륙지리로 정하였다. 지지의 교수요목은 환경확대법을 기초로 하고 있음을 확인할 수 있다. New UNESCO Source Book for Geography Teaching(1982)은 1965년 교재의 교수요목 기준을 넘어서 지리교육과정의 계획을 다루고 있다. 교육학의 교육과정에서 다룬 기본 논의를 바탕으로 지리교육과정의 구성방식을 지역지리 중심의 구조, 개념 중심의 구조와 연구사조 중심의 구조를 제시하였다. 지리학의 연구 패러다임인 지역지리, 계통지리와 연구주제를 중심으로 지리교육과정의 구안을 제안하였다.

<表 5> 1951년 교재의 교수요목 기준

	6-9세 지리	9-12세 지리	12-15세 지리	15-18세 지리
심리적 고려	−호기심 발달 −관찰력 증가	−구체적 사실 중심의 지식 −자의식 증가		
교수 요목과 교수 방법	−실내외에서 일상 경험 과 관심 기회 부여 −시장, 동네 가게의 진열 상품 혹은 학생 생필품 을 통한 학생들의 지평 확대 −고장 관찰: 농업, 제빵, 수도, 광산, 주물공장, 주택, 섬유, 항구, 교통 −현장학습, 그림 그리기, 모형 만들기 등	−국가(homeland) 수준 −국가와 다른 지역의 생 활 비교를 통하여 다양 한 지리적 환경 인식, 세상 사람들의 상호의 존 이해		

<表 6> 1962년 교재의 교수요목 기준

	초등학교	중학교	고등학교
계통 지리 교수 요목	기초적인 개념: 방위, 거리 등 기초적인 자연적 사실: 날씨, 자연경관 등 기초적인 인문적 사실: 인구, 언어 등 기초적인 지리적 사실: 주거, 촌락, 도시 등	향토의 환경 자연환경과 경관 세계의 인구와 문화지역 공간이용과 구성 도시와 산업 세계의 경제생활	세계의 지리적 지대 세계의 경제구조

1965년 교재와 1982년 교재의 가장 큰 차이는 지리교육심리 분야로 볼 수 있다. 1965년 교재는 학교 급별, 즉 연령 기준으로 단순하게 지리수업 이나 교수요목을 다루고 있었다. 그러나 1982년 교재는 '제2장 정신적 발 달과 지리교육'에서 지리교육심리를 본격적으로 다루었다(표 7). 교육심 리의 연구결과를 살펴보고, 이것이 지리교육에 주는 의미를 찾아보려 노

〈표 7〉 1982년 교재의 지리교육심리 내용

제2장 정신적 발달과 지리교육	1. 서론 – 아동의 사고력 발달 　　–지리학습을 위한 개념적 토대 –개념 학습과 지각 　　　　　　의 변화 2. 아동의 사고력 발달 –피아제 학파의 이론 　　　　–정신적 발달의 단계 –지리교육을 위한 의미 　　　–도덕적 판단과 도덕적 발달 3. 개념과 학습 –개념의 본질 　　　　　　　–개념의 분류 –개념의 가치 　　　　　　　–개념 학습 –공간적 개념화 　　　　　　–지리교과의 교수–학습을 위한 　　　　　　　　　　　　　　　의미 4. 지각과 지리학습 –환경에 관한 직접적인 지각 –간접 자료의 지각 –지각 연구가 교수를 위해서 　주는 의미 5.결론

력하였다. 특히 공간적 개념화에서 아동의 공간개념 발달에 관한 연구결과는 지리수업이나 학생 이해에 큰 영향을 주었다.

III. 결론

　본 장에서는 유네스코가 국제이해교육을 위하여 제작한 대표적인 지리교재를 머리말, 서론, 목차, 내용을 중심으로 비교 분석하였다. 그 결과, 유네스코는 지리교과가 세계지리 등의 영역을 다루고 있어서 국제이해의 증진에 가장 크게 기여할 수 있다고 보았다. 그러나 유네스코의 의도와는 별개로, 유네스코가 지원한 지리교재들은 국제이해에 대해서 유네스코가 원했던 만큼 관심을 보이지 않았다. 유네스코 지리교재들은 유네스코가 원하는 국제이해보다는 지리교육에 관한 절박함이 더 컸음을 보여 주기에 충분하였다. 유네스코는 저술한 교재들의 머리말에서 지리교과가 국제이해에 기여해 줄 것을 공공연하게 제시하였다. 그러나 지리교재를 작성한 세계지리연합 지리교육분과위원장들은 개성기술적인 지역지리에서 벗어나 개념혁명, 계량혁명, 공간지리학, 사회과학으로서 지리학 등으로 대변되는 변화하는 지리학의 패러다임을 담아내려는 절박함을 더 우선적으로 반영하였다. 지리수업을 잘 해야 국제이해에 더욱 기여할 수 있다는 논리를 내세워, 유네스코 지리교재는 법칙지향적인 지리학을 반영한 지리교육학으로 교재의 내용을 구성하였다. 그리고 이를 반영한 지리수업과 교구 등을 강조하였다.

1982년 유네스코 지리교재는 탐구학습을 기반한 지리교육학을 구성하여 그 변화 의도의 전형을 잘 보여 주었다. 1982년 교재는 지리교육심리, 지리교육과정과 지리교육평가를 다루어서 지리교육학 개론의 틀을 갖추고 있다. 1982년 교재는 1962년 교재보다 훨씬 더 지리교육 전반을 다룸으로써 지리교육의 틀과 학문적 기초를 다지는 데 큰 기여를 하였다. 지리교육이 탐구학습을 기반으로 한 방법론적 변화와 함께 지역지리를 넘어서 계통지리 중심으로 지리교육의 내용도 변화하였음을 보여 주고 있다. 유네스코 지리교재는 유네스코가 원했던 국제이해라는 목표 달성에는 관심이 적었지만, 지리교육의 학문적 틀을 갖추는 데 큰 기여를 하였다. 지리교육계는 지역지리에서 벗어나 계량지리로 정체성의 변화를 추구하는 지리학계의 절박한 노력을 국제이해를 추구하는 유네스코의 목적보다 더 크게 반영하였다.

최근 유네스코가 세계시민교육에 관심에 관심을 가지면서 세계지리 과목에 대한 관심이 다시 증대하고 있다. 글로벌 사회로 접어들면서 유네스코는 서로 다른 문화, 종교 등의 다양성에 대한 관심이 높아졌다. 다시 유네스코는 문화다양성과 자연환경 다양성을 다루는 지리교과가 세계시민교육을 감당하기에 매우 적합한 교과임을 인식하고 있다. 다시 유네스코는 다양성을 존중할 수 있는 지리교재를 제작할 필요가 있다. 다양성에 대한 화두를 진지하게 다루고 있는 지리교과를 통한 세계시민교육을 위한 교재를 다시 제작할 시점에 서 있다.

참고문헌

이경한, 2017, 제2차 세계대전 이후 유네스코의 국제이해교육 활동과 지리교육, **초등교육연구** 28(2), 전주교육대학교 초등교육연구원, 55-80.

이경한, 2018, 유네스코 지리교재의 비교 연구, **초등교육연구** 29(2), 전주교육대학교 초등교육연구원, 47-60.

Brouillette, B., 1965, *UNESCO Source Book for Geography Teaching*, London: Longmans, Green & Co Limited. (이찬·김연옥·권혁재 역, 1972, **지리교육의 원리와 사례**, 서울: 유네스코 한국위원회).

Graves, N.(ed.), 1982, *New UNESCO Source Book for Geography Teaching*, Paris: Longman/The UNESCO Press. (이경한 역, 1995, **지리 교육학 강의**, 서울: 명보문화사).

Scarfe, 1951, *A Handbook of Suggestions on the Teaching of Geography*, UNESCO. (김경성 역, 1959, **세계 이해를 위한 신지리교육의 지침**, 서울: 동국문화사)

제2부

지리교과서와 세계시민교육

3장

유네스코의 세계시민교육과 세계지리의 연계성

I. 문제제기

21세기에 접어들면서 세계는 교통 통신의 발달로 세계화가 급속도로 심화되고 있다. 세계화는 지구촌 사회의 생활 전반에 큰 영향을 미치고 있다. 특히 국가 경계를 넘어서 세계를 하나의 세계로 만들어 가고 있다. 그리고 세계인들의 왕래로 다문화 사회가 만들어지고 있다. 이런 세계화는 우리 사회에도 큰 영향을 주고 있다. 세계는 삶과 장소의 상호연계가 증진하고 있다. 정보통신기술의 획기적인 발전에 힘입어 사람들은 언제, 어디서나 지구 반대편의 사람들과 소통할 수 있게 되었다. 비록 가상의 공간을 통해서 이루어지는 제한된 소통이지만 지역적 경계를 뛰어넘어 서로 긴밀하게 연결되어 살고 있다는 인식이 높아지고 있으며, 실제의 경험 역시 강화되고(유네스코 아시아태평양 국제이해교육원, 2014, 13) 있다. 반면에 세계화에 따른 외국인 이주자와 다문화 가정의 증가, 인종·민족·

문화의 다양성 심화는 단일국가 개념에 기반한 기존의 학교 시민교육의 틀에서 감당하기 어려운 여러 가지 문제들을 양산해 내고 있다(한경구 외, 2015, 19). 그래서 세계화 시대에 세계시민으로서 자질을 갖추도록 교육을 수행하는 일은 매우 중요한 과제가 되었다. 이런 변화의 핵심은 단일국가에 기반하는 국가시민성 개념의 한계를 극복하고, 지구촌 사회의 문제해결과 공생방식을 모색하는 데 기여하는 세계시민의 역량 강화와 이를 위한 세계시민교육(Global Citizenship Education, GCED)의 대두라고 할 수 있다(한경구 외, 2015, 15). 세계화와 함께 세계시민으로서 자질에 대한 중요성은 날로 증가하고 있다. 우리는 지역에 살면서 세계와 연계되어 살아가기에 세계적 관점을 갖는 것은 매우 중요하다. 세계시민으로서의 자질을 갖추도록 하는 세계시민교육은 더 이상을 미룰 수 없는 중요한 의제이자 교육주제이다. 2015년 5월에 인천광역시 송도에서 열린 2015 세계교육 포럼에서도 세계시민교육의 중요성이 강조되었다. 이렇듯 세계시민교육은 선언적 의미의 구호를 넘어서 교육목표를 구체화하기 위하여 노력하고 있다. 그 노력을 이끌어가고 있는 대표적인 기관이 유네스코(UNESCO)이다.

유네스코는 2012년 8월 이리나 보코바 사무총장이 반기문 유엔 사무총장과 함께 동티모르에서 글로벌 교육 우선구상을 주장하였다. 글로벌 교육 우선구상은 첫째, 모든 어린이는 학교를 다녀야 하고, 둘째, 교육의 질을 높여야 하며, 셋째, 글로벌 시민의식을 함양한다는 세 가지 요소로 구성되어 있다(정우탁, 2015, 46-47). 그 세 번째 제안이자 가장 의미 있고 새로운 제안은 '글로벌 시민의식을 함양하자'는 '글로벌 시민교육'[1]이다. 그

---

1. 본고에서는 글로벌시민교육을 세계시민교육으로 부르고자 한다. 유네스코 아시아태평양 국제이해교육원은 이를 세계시민교육으로 통일하여 사용하고 있다.

리고 유네스코는 학습 성과 및 역량을 포함하여 청소년이 '글로벌 시민'으로 성장하는 데 필요한 요소가 무엇인지 분명히 밝히기 위한 작업을(유네스코 아시아태평양 국제이해교육원, 2014, 13) 진행하고 있다. 유네스코는 이와 같은 노력을 경주하면서, 세계시민교육을 위하여 '세계시민교육: 주제와 학습목표(Global Citizenship Education: Topics and Learning Objectives)'(UNESCO, 2015)라는 책자를 발간하여 세계시민교육의 지침을 제공하고 있다.

유네스코가 세계시민교육의 전체적인 방향을 제시하고 있지만, 이를 구체적으로 실현하는 방안은 학교교육, 평생교육 등으로 가르치는 것이다. 이 중에서도 학교교육은 세계시민교육의 가장 적극적인 수행 방법이다. 유네스코는 유네스코 협력학교(ASP)를 지정하여 유네스코의 정신을 수행하고 있으나 학교교육에서 최선의 실천 방법은 교과 수업이다. 세계시민교육에 적합한 과목 중 하나가 세계지리이다.

유네스코와 세계지리는 각자 별도의 방식으로 세계시민을 육성하고 있으나, 유네스코가 지향하는 세계시민교육과 세계지리 교육과정이 지향하는 바는 맥을 같이하고 있다. 그래서 유네스코의 세계시민교육과 세계지리의 상호연계성 정도를 살펴보는 것은 매우 필요한 일이라고 생각한다. 이에 본 장에서는 유네스코의 세계시민교육과 세계지리의 상호연계성을 알아보기 위하여 유네스코가 발간한 『세계시민교육: 주제와 학습목표』와 2015년 개정한 고등학교 『세계지리 교육과정』을 핵심역량, 내용체계, 교육목표, 학습용어를 중심으로 비교 분석하고자 한다.

II. 지리교육에서의 세계시민교육 연구

지리교과는 민주시민을 육성하는 교과로서 교과내용을 통하여 세계시민교육을 실행하고 있다. 지리교과는 학생들의 다중시민성의 하나인 세계시민성을 신장시키기 위하여 지속적으로 노력하고 있다. 이런 노력은 지리교육 분야의 연구 성과로 나타나고 있다. 여기서는 지리교육의 세계시민교육 관련 연구를 살펴보고, 이를 토대로 지리교육의 세계시민교육에 대한 관점을 살펴보고자 한다.

먼저, 지리교육은 지리수업을 통하여 세계시민교육에 부응할 수 있는 전략과 수업방법 등에 대한 연구를 수행하고 있다. 특히 세계시민교육의 목표를 구체적으로 실현할 수 있는 교실 수업방안을 연구하고 있다. 이런 연구로는 지리를 통한 세계시민성교육의 전략 및 효과 분석(최정숙, 조철기, 2009), 지리 학습활동을 통한 유아 세계시민교육의 적용에 관한 실행연구(배지현, 2014), 사회과에서 세계시민교육을 위한 '문화다양성' 수업내용 구성(김다원, 2010), 지리교육에서 세계시민의식 함양을 위한 개발교육의 방향 연구(이태주, 김다원, 2010), 지리 문해력을 통한 국제이해교육 실천하기(이경한, 2015) 등이 있다. 다음으로 세계시민교육의 입장에서 세계지리 내용 구성과 교과서의 분석 연구가 있다. 이런 연구로는 비판적 세계 시민성 함양을 위한 세계지리 내용의 재구성 방안(한희경, 2011), 세계 시민교육의 관점에서 세계 지리 교과서 다시 읽기: 미국 세계 지리 교과서 속의 한국(노혜정, 2008), 초등지리 교육과정에 반영된 세계시민교육 관련 요소의 구조적 특성에 관한 연구(이동민, 2014) 등이 있다. 그리고 세계시민성의 지리교육적 함의를 다룬 연구(박선희, 2009)도 있다.

이상에서 보면, 지리교육에서 세계시민교육에 관한 연구는 그 중요성에도 불구하고 많은 연구가 이루어지지는 않고 있다. 하지만 지리교육에서의 세계시민교육에 관한 연구들을 토대로 지리교육에서 바라보는 세계시민교육의 관점을 살펴보는 데 무리가 없다. 일반적으로 세계시민교육은 국경을 초월하여 전 세계인이 하나의 공동체적 시각을 갖고 세계 문제를 이해하고 해결해 가는 방법을 찾는 교육(김현덕, 2007, 60)이라고 정의한다. 반면 지리교육에서는 세계시민교육을 세계 다른 지역의 문화 및 사람들과 세계의 상호의존성을 이해하는 것에 초점을 두고(노혜정, 2008) 있다. 또한 지리교육은 세계시민교육을 특정 국가나 영역 등을 기준으로 삼기보다는 세계를 하나의 공동체로 간주하고, 국가 등에 귀속된 '국민'이 아니라 그러한 사해동포주의에 입각한 세계 공동체의 일원인 '세계시민'을 육성하는 데 목적을 두고 있다(이동민, 2014, 952). 이 정의로 보면, 세계시민교육을 공동체적 관점으로 가지고서 세계 문제의 해결책을 찾는 교육으로 보는 반면, 지리교육은 세계시민교육을 세계의 상호의존성의 이해를 이끄는 교육으로 본다. 다시 말하여 세계시민교육은 세계적 관점을 가지고서 해결책을 찾는 데 적극적인 의미를 두고 있는 반면, 지리교육은 세계적 관점에서 세계의 이해를 강조하고 있다. 즉, 지리교육에서는 세계시민교육을 첫째, '세계적 관점'에서 세계를 하나의 연결된 체제로 다루기 때문에 상호의존성을 강조하며, 둘째, '탈식민지주의 관점'에서 당연시 여겨졌던 유럽과 미국 중심적인 제국주의적 교육 유산을 뛰어넘어 지금까지 힘이 없었기 때문에 무시되고 소홀하게 다루어진 사람들과 지역에 대한 오류를 바로잡고 이들의 지식과 경험을 배우며, 셋째, 복잡하고 논쟁적인 세계적 문제를 단순화시키거나 회피하지 않고 다양한 관점에서 대면하는 것을 강조하고 있다(노혜정, 2008, 157).

지리교육은 세계의 상호의존성에 대한 이해를 지향하는 세계시민교육을 보완하기 위한 노력도 하고 있다. 그것은 지리교육이 세계시민교육에서 지향하는 세계 문제의 해결에 초점을 두는 것이다. 이를 위하여 지리교육은 세계의 불평등성을 함께 다루고 있다. 지리교육은 분배와 연대, 생태계적 지구, 문화적/지역적 다양성을 견지함으로써 세계시민성을 '아래로부터' 사유하고, 지역과 세계를 함께 고려하지만 그들의 평화로운 '다층적' 공존이 아니라 그들 사이의 위태로운 긴장에 더 주의를 기울이고(한희경, 2009, 126) 있다.

지리교육은 세계시민교육을 세계의 상호의존성에 대한 이해와 세계 문제의 해결을 동시에 추진하여 세계시민성을 실천하고자 한다. 다시 말하여 지리교육은 세계시민교육을 지속가능성, 상호의존성, 문화적 다양성 등의 개념을 획득, 유사성과 차이를 볼 수 있는 안목, 비판적 사고 능력, 의사결정 능력, 집단 활동 능력 등의 기능의 습득뿐만 아니라, 이해와 존중, 감정 이입을 통한 로컬리티 장소감뿐만 아니라 글로벌 장소감의 발달에(최정숙, 조철기, 2009, 21) 초점을 두어, 세계에서 발생하는 불평등성, 부정의, 쟁점 등도 함께 다루어야 함을 강조하고 있다.

그러나 지리교육은 세계시민교육의 목표에 부응하기 위하여 주요 콘텐츠를 제공하고 있지만 부족한 점도 보이고 있다. 지리교육에서는 세계시민교육을 다문화교육과 혼용해서 사용하기도 한다. 세계시민교육과 문화다양성교육의 포함관계를 분명히 하지 않고서 논의를 전개하고 있다. 세계시민교육은 인권교육, 지속가능발전교육, 문화 간 이해교육 및 평화교육을 모두 포괄하는 다양한 변혁적 교육을 가리킨다(한경구 외, 2015, 38)라는 정의로 볼 때, 지리교육에서 세계시민교육과 문화다양성교육의 관계 설정을 보다 분명히 할 필요가 있다.[2] 또한 지리교육은 지구적 관점과 다양성을 통합한 다양한 영역을 실행하고 있다. 예를 들어, 지구적 관점과 다양성을 통합하여 다문화교육의 내용—지구화, 정체성과 다양성, 이민, 지속가능한 발전, 평화교육, 제국주의와 권력, 편견과 인종주의 등을 다룰 수 있는 가능성을(박선희, 2009, 488) 가지고 있다는 입장이 있다. 하지만 여기서 지리교육을 다양성, 지속가능한 발전, 평화교육을 함께 세계시민교육을 다루고 있는 것으로 보기도 한다.

이런 논의를 볼 때, 지리교육은 세계시민교육과 약간의 괘를 달리하면서도 세계시민교육을 구체적으로 실천할 수 있는 가능성을 충분히 가지고 있다. 지리교육은 세계, 스케일, 환경, 지역간 의존성 등 지리적·공간적 속성을 가지고 있는 만큼, 세계시민교육을 실천할 수 있는 교과로서의 가능성을 가지고 있다.

Ⅲ. 유네스코 세계시민교육과 세계지리 교육과정의 비교 분석

본 장에서는 세계시민교육을 추구하는 유네스코의 '세계시민교육: 주제와 학습목표' 문서와 '세계지리 교육과정' 문서를 핵심역량, 교육목표, 교육체계 및 학습용어를 중심으로 비교 분석하여, 두 영역 간의 상호연계성을 알아보고자 한다.

세계시민성의 함양을 목표로 하는 세계시민교육은 글로벌 차원에서 제기되는 문제들에 대하여 지역적 또는 세계적으로 대응하고 해결하기 위한 적극적인 활동과 학습자들의 역량 강화를 위한 교육활동을 그 핵심으

---

2. 이 정의는 세계시민교육의 입장에서 정의되었지만, 국제이해교육에서는 다른 포함관계를 제시하기도 한다.

<표 1> 전통적 시민교육과 세계시민교육의 비교

전통적 시민교육	세계시민교육
• 학습자는 수동적인 수용자 • 기성세대의 가치·규범의 전수를 강조 • 지식·내용 이해 중심적 • 주어진 학교 지식의 습득을 강조 • 시민성에 대하여 배우는 교육 • 단기적·공식적 교육과정 위주의 교육	• 학습자는 능동적인 교육의 주체 • 변혁적인 교육 • 교육과정 중심적·문제해결 중심적 교육 • 참여 지향적·실천 지향적 교육 • 시민성의 실천을 통해 배우는 교육 • 평생교육적·다면적 형태의 교육

한경구 외, 2015, 39

로 삼고 있다. 이는 기존의 전통적 시민성교육과 달리 능동적이며 변혁적인 교육을 지향한다(표 1).

반면 사회과의 일원인 고등학교의 세계지리는 세계 여러 국가와 지역들에서 볼 수 있는 공간적 상호의존과 갈등의 본질을 파악하고, 환경과 문화의 공간적 다양성에 대한 소양을 기르며, 세계 공존과 번영의 길을 모색할 수 있는 안목을 키우기 위해 필요한 과목(교육부, 2015, 284)으로 정의되고 있다. 그리고 세계지리 교육과정에서 과목 성격을 세계 여러 국가 및 제 지역의 다양한 생활 모습을 공감하고 지구촌의 미래를 위해 해결해야 할 과제들을 이해함으로써 세계화 시대와 다문화 사회에 대처할 수 있는, 세계시민으로서 보다 개방적이고 민주적인 가치 및 태도 함양에 기여할 것이다(교육부, 2015, 284)라고 제시하고 있다. 이런 세계지리 과목의 정의와 성격은 세계지리가 세계시민으로서 민주적인 가치와 태도를 함양하는 데 기여할 수 있을 것으로 제시하고 있다. 이것은 곧 세계지리가 세계시민교육과 밀접한 연계를 형성하고 있음을 단적으로 보여 주고 있다.

1. 교육목표

유네스코가 지향하는 세계시민교육의 목표는 유네스코와 그 산하기관인 유네스코 아시아태평양 국제이해교육원(APCEIU)[3]의 출간물[4]을 통하여 알 수 있다. 유네스코는 세계시민교육의 목표를 전 지구적 도전 과제들에 지역적 또는 세계적으로 대응하고 해결하는 적극적 역할을 담보하도록 학습자들의 역량을 강화시키는 것(유네스코 아시아태평양 국제이해교육원, 17)으로, 그리고 세계시민교육의 궁극적 목표를 학습자들이 더 정의롭고, 평화로우며, 관용적이고, 포용적이며, 안전하고, 지속가능한 세상을 만드는 데 주도적으로 기여할 수 있도록 하는 것(유네스코 아시아태평양 국제이해교육원, 17)으로 제시하고 있다.

유네스코는 교육목표를 인지적(cognitive) 영역, 사회−정서적(social-emotional) 영역과 행동적(behavioral) 영역으로 제시하였다. 인지적 영역은 지식 목표에 해당하고, 사회−정서적 그리고 행동적 영역은 가치와 태도 목표에 속한다. 인지적 영역은 지역, 국가와 세계적 쟁점, 다양한 나라와 인구의 상호연계성과 상호의존에 대한 지식과 이해를, 사회−정서적 영역은 인권을 기반으로 해서 공공의 선(common of humanity)에 대한 소속감, 가치와 책임감의 공유를, 그리고 행동적 영역은 평화롭고 지속가능한 세계를 위하여 지역, 국가와 세계 차원에서 효과적이며 책임감 있는

---

3. Asia-Pacific Center of Education for International Understanding의 약자이다.
4. 대표적인 출간물로는 유네스코 아시아태평양 국제이해교육원, 2014, 「글로벌 시민교육: 새로운 교육의제」(Global Citizenship Education: An Emerging Perspective); 한경구, 김종훈, 이규영, 조대훈, 2015, 「SDGs 시대의 세계시민교육 추진 방안」; UNESCO, 2015, Global Citizenship Education: Topics and Learning Objectives가 있다. 본 장에서는 이 출간물을 기본으로 하고 있다.

행동이다

반면 세계지리의 학습목표는 "세계 각 국가나 권역의 자연환경 및 인문환경에 대하여 체계적이고 종합적인 학습을 추구한다. … 공간적 다양성을 염두에 둔 상호공존의 세계를 추구하고, … 문화다양성의 가치에 기초한 글로벌 리더십을 지닌 인간을 기르는 데에 목표를 둔다."이다(표 2).

이런 측면에서 보면, 유네스코의 세계시민교육과 세계지리는 세계의 상호연계성과 상호의존에 대한 지식과 이해를 바탕으로 차이와 다양성을 존중하여 책임감을 가신 인간을 기르고자 하는 데서 공통점을 지니고

〈표 2〉 유네스코의 세계시민교육과 세계지리의 교육목표 비교

	유네스코의 세계시민교육	세계지리(교육부, 2015, 285)
교육 목표	• 인지적 영역 – 학습자는 지역, 국가와 세계적 쟁점, 다양한 나라와 인구의 상호연계성과 상호의존에 대한 지식과 이해를 한다. – 학습자는 비판적 사고와 분석을 위한 기능을 계발한다. • 사회–정서적 영역 – 학습자는 인권을 기반으로 해서, 공공의 선(common of humanity)에 대한 소속감, 가치와 책임감의 공유를 경험한다. – 학습자는 감정이입, 연대와 차이와 다양성을 존중하는 태도를 기른다. • 행태적 영역 – 학습자는 보다 평화롭고 지속가능한 세계를 위하여 지역, 국가와 세계 차원에서 효과적이며 책임감 있게 행동한다. – 학습자는 필요한 행동을 하려는 동기를 부여하고 의지를 기른다.	• 지역 내 여러 현상들 간 연계성의 관점에서 세계 각 국가나 권역의 자연환경 및 인문환경에 대하여 체계적이고 종합적인 학습을 추구한다. • 이를 통해 자연환경 및 인문환경의 공간적 다양성을 염두에 둔 상호공존의 세계를 추구하고, 빠르게 변화하는 현대 세계에 능동적으로 대처하며, 문화다양성의 가치에 기초한 글로벌 리더십을 지닌 인간을 기르는 데에 목표를 둔다.

있다. 그러나 세계지리는 이런 인간을 글로벌 리더십을 가진 인간으로 표현하고 있는 점에서 약간의 차이가 있다. 학습목표 면에서 유네스코의 세계시민교육과 세계지리 목표는 상호 일치됨을 볼 수 있다. 이는 곧 유네스코의 세계시민교육이 지향하는 바를 세계지리 과목을 통하여 구체적으로 실천할 수 있음을 의미한다.

2. 핵심역량

최근 교육과정에서는 변화하는 세계에 적응하기 위하여 실제적인 교육 내용을 가르쳐야 한다는 주장에서 핵심역량(core competencies)이 강조되고 있다. OECD의 DeSeCo는 핵심역량을 지식, 인지적· 실제적 기술, 동기화, 가치 태도 및 정서와 효율적 행동을 할 수 있도록 하는 여타의 사회적·행동적인 구성요소들의 연합(강현석, 2011, 564)으로 정의하고 있다. 이것은 핵심역량이 지식, 기술, 태도 및 가치 등이 통합된 총체적 특성을 지니며, 특히 수행에 근거하거나 학습가능성, 가치지향성, 맥락을 강조하고 실제 적용을 중시한다(강현석, 2011, 562). 세계시민교육에서도 핵심역량을 강조하고 있다. 유네스코의 세계시민교육에서 강조하는 핵심역량도 이의 요소를 잘 담고 있다(표 3). 유네스코 세계시민교육의 핵심역량은 핵심가치에 대한 이해, 인지적 그리고 비인지적 기능, 공동의 집단 정체성과 상이한 관점을 존중하는 태도, 그리고 참여하는 행동 능력으로 정리할 수 있다. 유네스코의 핵심역량은 핵심역량의 정의를 충실히 따르고 있음을 알 수 있다.

〈표 3〉 유네스코의 세계시민교육과 세계지리의 핵심역량

유네스코의 세계시민교육 (한경구 외, 41-42)	세계지리(교육부, 285)
① 다중적 정체성에 대한 이해와 개인의 인종·문화·종교·계급 등의 차이점을 초월하는 공동의 '집단 정체성'에 기초한 태도 ② 보편적인 핵심 가치(예: 평화, 인권, 다양성, 정의, 민주주의, 차별 철폐, 관용) 및 글로벌 이슈와 경향에 대한 깊은 이해 ③ 비판적, 창의적, 혁신적 사고, 문제해결 및 의사결정에 필요한 인지적 기능들 ④ 감정이입, 상이한 관점들에 대한 열린 태도 ⑤ 공감 또는 갈등해결에 기여하는 사회적 기술과 의사소통능력 그리고 다양한 언어·문화·관점을 가진 사람들과 소통하는 능력과 같은 비인지적 기능들(non-cognitive skills) ⑥ 적극적인 행동과 실천에 참여하는 행동 능력	① 세계의 자연환경 및 인문환경에 대한 체계적, 종합적 이해를 바탕으로, 다양한 자연환경 및 인문환경의 특징과 이에 적응해 온 각 지역의 여러 가지 생활 모습을 파악하고, 지역적, 국가적, 지구적 규모에서 다양하게 대두되는 지구촌의 주요 현안 및 쟁점들을 탐구한다. ② 세계 여러 국가 및 지역의 지리정부에 대한 수집과 분석, 도표화와 지도화 작업을 바탕으로 주요 국가나 권역 단위의 지리적 속성 및 공간적 특징을 비교하고 평가한다. ③ 세계의 자연환경 및 인문환경의 공간적 다양성과 지역적 차이에 대한 공감적 이해를 통해 여러 국가나 권역 사이의 상호협력 및 공존의 길을 모색하는 한편, 지역 간의 갈등 요인 및 분쟁 지역의 본질과 합리적 해결방안을 탐색한다.

그리고 세계지리는 3가지의 핵심역량[5]을 제시하고 있는데, 핵심역량의 요소들을 부분적으로 담아서 서술하고 있다. 먼저, 세계지리의 세계시민교육과 관련된 지식으로는 세계의 자연환경 및 인문환경에 대한 체계적이며 종합적 이해와 공간적 다양성과 지역적 차이에 대한 공감적 이해를, 기능으로는 지구촌의 주요 현안 및 쟁점들의 탐구, 지리적 속성 및 공간적 특징의 비교 평가를, 가치와 태도로는 차이에 대한 공감적 이해를 통해 여러 국가나 권역 사이의 상호협력 및 공존의 길 모색, 갈등 요인 및 분

5. 2015 개정 세계지리 교육과정 문서에는 교과역량으로 표현되어 있으나, 그 내용상 핵심역량과 의미상의 차이가 크지 않을 것으로 판단되어 핵심역량으로 사용하고자 한다.

쟁 지역의 본질과 합리적 해결방안의 탐색을 들 수 있다. 그러나 세계지리는 세계시민교육의 핵심역량에서 강조하는 행동 요소의 부족함이 나타났다. 즉, 세계시민교육을 지향하는 과목으로서 세계지리가 실천적 역량을 소홀히 다루고 있음을 알 수 있다. 핵심역량 면에서 유네스코 세계시민교육과 세계지리 과목의 목표는 지식, 가치·태도, 기능 면에서 핵심역량을 공통적으로 수행하고 있는 반면에, 행동 역량에서 차이를 보이고 있다. 이것은 세계지리 과목이 자신의 고유한 교육목표를 성취하는 데 노력을 보이고 있음으로써 상대적으로 세계시민으로서 행동 영역을 다소 부족하게 다루고 있음을 볼 수 있다.

3. 내용 체계

유네스코는 '세계시민교육: 주제와 학습목표'에서 세계시민교육을 위한 주요 내용을 제시하고 있다. 이 책에서 9개의 주제(topics)를 제시하고 있다(표 4). 이 주제는 교육목표를 달성하기 위한 것으로서, 인지적, 사

〈표 4〉 유네스코 세계시민교육의 학습 주제

유네스코 세계시민교육의 학습 주제(UNESCO, 2014, 31)
1. 지방·국가·세계의 체제 및 구조
2. 지방·국가·세계 차원에서 여러 공동체 간 상호작용 및 관계에 영향을 끼치는 이슈들
3. 현상의 이면에 존재하는 전제와 권력의 역학관계
4. 다양한 차원의 정체성
5. 사람들이 소속된 다양한 공동체와 이들의 연결 양상
6. 차이 및 다양성에 대한 존중
7. 개인 및 집단 차원에서 실천할 수 있는 행동
8. 윤리적으로 책임감 있는 행동
9. 행동에 참여하고 실천에 옮기기

회-정서적 그리고 행동적 영역별로 각각 3가지씩 제시하고 있다. 인지적 영역의 주제로는 지방·국가·세계의 체제 및 구조, 지방·국가·세계 차원에서 여러 공동체 간 상호작용 및 관계에 영향을 끼치는 이슈들, 현상의 이면에 존재하는 전제와 권력의 역학관계이다. 이 주제는 지방·국가·세계가 다중적 체제를 가지고 있음을 알게 하고, 이들이 상호 영향을 미치고 있고, 이런 현상에는 세계의 권력이 있음을 알게 하는 데 있다. 사회-정서적영역의 주제는 다양한 차원의 정체성, 사람들이 소속된 다양한 공동체와 이들의 연결 양상과 차이 및 다양성에 대한 존중이다. 다중적 체제 속에 사는 사람들은 다중정체성을 가지고서 다양한 공동체를 이루며 살고, 이로 인하여 발생한 다양성을 존중하는 태도를 강조한다. 그리고 행동적 영역은 개인 및 집단 차원에서 실천할 수 있는 행동, 윤리적으로 책임감 있는 행동과 행동에 참여하고 실천에 옮기기이다. 이 영역은 세계의 일원으로서 책무성을 가지고 참여와 실천할 수 있기를 강조한다.

세계지리의 내용은 8개 단원 28개 소단원으로 구성되어 있다(표 5). 세계지리는 세계의 자연환경과 인문환경의 경관과 생활이라는 주제 중심의 계통지리와 몬순 아시아와 오세아니아, 건조 아시아와 북부 아프리카, 유럽과 북부 아메리카 및 사하라 이남 아프리카와 중·남부 아메리카 중심의 지역지리로 구성되어 있다. 계통지리와 지역지리는 세계지리의 인지적 영역을 이루고 있다. 이 내용을 통하여 학생들은 세계의 다양성과 차이를 주로 학습하고 있다. 그리고 세계화와 지역 이해, 평화와 공존의 세계라는 단원을 통하여 세계 속의 우리 모습, 세계 문제에 대한 자세를 강조하고 있다. 여기서는 유네스코가 주장하는 사회-정서적, 행동적 영역을 강조하고 있다.

〈표 5〉 세계지리의 내용 체계

영역	내용 요소
세계화와 지역 이해	• 세계화와 지역화 • 지리 정보와 공간 인식 • 세계의 지역 구분
세계의 자연환경과 인간 생활	• 열대 기후 환경 • 온대 기후 환경 • 건조 및 냉·한대 기후 환경과 지형 • 세계의 주요 대지형 • 독특하고 특수한 지형들
세계의 인문환경과 인문 경관	• 주요 종교의 전파와 종교 경관 • 세계의 인구 변천과 인구 이주 • 세계의 도시화와 세계 도시체계 • 주요 식량 자원과 국제 이동 • 주요 에너지 자원과 국제 이동
몬순 아시아와 오세아니아	• 자연환경에 적응한 생활 모습 • 주요 자원의 분포 및 이동과 산업 구조 • 최근의 지역 쟁점: 민족(인종) 및 종교적 차이
건조 아시아와 북부 아프리카	• 자연환경에 적응한 생활 모습 • 주요 자원의 분포 및 이동과 산업 구조 • 최근의 지역 쟁점: 사막화의 진행
유럽과 북부 아메리카	• 주요 공업 지역의 형성과 최근 변화 • 현대 도시의 내부 구조와 특징 • 최근의 지역 쟁점: 지역의 통합과 분리 운동
사하라 이남 아프리카와 중·남부 아메리카	• 도시 구조에 나타난 도시화 과정의 특징 • 다양한 지역 분쟁과 저개발 문제 • 최근의 지역 쟁점: 자원 개발을 둘러싼 과제
평화와 공존의 세계	• 경제의 세계화에 대응한 경제 블록의 형성 • 지구적 환경 문제에 대한 국제 협력과 대처 • 세계 평화와 정의를 위한 지구촌의 노력들

4. 학습목표

유네스코는 세계시민교육의 학습목표를 유아에서 고등학교까지 학교급별로 제시하고 있다. 여기서는 고등학교의 세계지리 과목과 비교 분석을 위하여 고등학교 수준의 학습목표만을 다루고자 한다. 그리고 세계지리 과목은 각 단원 중에서 학습목표와 부합되는 단원의 성취기준을 제시하고자 한다.

유네스코는 주세별로 적합한 성취기준을 1개씩을 제시하고 있다(표 6). 유네스코의 학습목표는 핵심역량에 적합하게 '알아본다', '살펴보고 … 적절한 대응책을 찾아 제안해 본다', '비판적으로 평가한다', '비판적으로 살펴본다', '비판적으로 파악한다', '가치, 태도 및 능력을 개발하여 적용한다', '행동을 한다', 그리고 '제안하고 행동한다'와 같이 역량을 중심으로 목표를 서술하고 있다.

인지적 영역의 학습목표는 "글로벌 거버넌스 체제와 구조, 프로세스를 비판적으로 분석하고, 이것이 세계시민의식에 어떤 함의를 가지는지 알아본다. 지방·국가·글로벌 이슈와 의사 결정의 결과 및 그에 대한 책임을 비판적으로 살펴보고, 적절한 대응책을 찾아 제안해 본다. 권력의 역학관계가 사람들의 발언권, 영향력, 자원 접근성, 의사결정 및 거버넌스에 어떤 영향을 미치는지 비판적으로 평가한다."이다. 이 학습목표 중에서 공통적으로 볼 수 있는 단어는 '비판적으로'이다. 고등학교 수준에서 세계시민교육의 덕목으로는 기존의 글로벌 체제와 이 안에서 일어나는 의사결정과 지배 질서에 대한 비판적 안목을 강조하고 있음을 의미한다. 유아, 초등학교와 중학교 수준에서는 기존의 세계 질서에 대한 이해를 바탕으로 학습목표 진술을 하고 있는 반면, 고등학생은 보다 적극적으로 세

유네스코		세계지리 성취기준
주제	학습목표	
1. 지방·국가·세계의 체제 및 구조	글로벌 거버넌스 체제와 구조, 프로세스를 비판적으로 분석하고, 이것이 세계시민의식에 어떤 함의를 가지는지 알아본다.	8.1 경제의 세계화가 파생하는 효과들이 무엇인지 파악하고, 경제의 세계화에 대응하여 여러 국가들이 공존을 위해 결성한 주요 경제 블록의 형성 배경 및 특징을 비교 분석한다.
2. 지방·국가·세계 차원에서 여러 공동체 간 상호작용 및 관계에 영향을 끼치는 이슈들	지방·국가·글로벌 이슈와 의사 결정의 결과 및 그에 대한 책임을 비판적으로 살펴보고, 적절한 대응책을 찾아 제안해 본다.	1.1 세계화와 지역화가 한 장소나 지역의 정체성의 변화에 영향을 주는 사례를 조사하고, 세계화와 지역화가 공간적 상호작용에 미치는 영향을 파악한다. 7.3 사하라 이남 아프리카와 중·남부 아메리카에서 나타나는 자원 개발의 주요 사례들을 조사하고 환경 보존이나 자원의 정의로운 분배라는 입장에서 평가한다
3. 현상의 이면에 존재하는 전제와 권력의 역학관계	권력의 역학관계가 사람들의 발언권, 영향력, 자원 접근성, 의사결정 및 거버넌스에 어떤 영향을 미치는지 비판적으로 평가한다.	7.2 사하라 이남 아프리카의 주요 국가들이 겪고 있는 분쟁 및 저개발의 실태를 파악하고, 그 주요 요인을 식민지 경험이나 민족(인종) 및 종교 차이와 관련지어 추론한다
4. 다양한 차원의 정체성	여러 층위의 정체성이 상호작용하며 다양한 사회집단과 평화롭게 공존하는 모습을 비판적으로 살펴본다.	1.3 세계의 권역들을 구분하는 데에 활용되는 주요 지표들을 조사하고, 세계의 권역들을 나눈 기존의 여러 가지 사례들을 비교 분석하여 각각의 특징과 장·단점을 평가한다. 2.2 온대 동안 기후와 온대 서안 기후의 특징 및 요인을 서로 비교하고, 이러한 기후 환경에 적응한 인간 생활의 모습을 파악한다. 3.1 세계의 주요 종교별 특징과 주된 전파 경로를 분석하고, 주요 종교의 성지 및 종교 경관이 지닌 상징적 의미들을 비교하고 해석한다

5. 사람들이 소속된 다양한 공동체와 이들의 연결 양상	서로 다른 집단, 공동체 및 국가들 간의 연결 관계를 비판적으로 파악한다.	5.3 건조 아시아와 북아프리카의 주요 사막화 지역과 요인을 조사하고, 사막화의 진행으로 인한 여러 가지 지역 문제를 파악한다. 6.3 유럽과 북부 아메리카에서 나타나는 정치적 혹은 경제적 지역 통합의 사례를 조사하고, 지역의 통합에 반대하는 분리 운동의 사례와 주요 요인을 탐구한다. 7.1 중·남부 아메리카의 주요 국가들에서 나타나는 도시 구조의 특징 및 도시 문제를 지역의 급속한 도시화나 민족(인종)의 다양성과 관련지어 탐구한다. 7.3 사하라 이남 아프리카와 중·남부 아메리카에서 나타나는 자원 개발의 주요 사례들을 조사하고 환경 보존이나 자원의 정의로운 분배라는 입장에서 평가한다.
6. 차이 및 다양성에 대한 존중	다양한 집단 및 관점에 대응하여 관계를 맺는 데 필요한 가치, 태도 및 능력을 개발하여 적용한다.	4.3 몬순 아시아와 오세아니아의 주요 국가들에서 보이는 민족(인종)이나 종교적 차이를 조사하고, 이로 인한 최근의 지역 갈등과 해결 과제를 파악한다. 8.3 세계의 평화와 정의를 위한 지구촌의 주요 노력들을 조사하고, 이에 동참하기 위한 세계시민으로서의 바람직한 가치와 태도에 대해 토론한다.
7. 개인 및 집단 차원에서 실천할 수 있는 행동	효과적인 시민 참여를 위한 능력을 개발하여 적용한다.	
8. 윤리적으로 책임감 있는 행동	사회정의와 윤리적 책임에 관한 이슈를 비판적으로 파악하고, 차별과 불평등에 맞서기 위한 행동을 한다	
9. 행동에 참여하고 실천에 옮기기	긍정적인 변화를 위한 행동을 제안하고 행동한다.	8.2 지구적 환경 문제에 대처하기 위한 국제적 노력이나 생태 발자국, 가뭄 지수 등의 지표들을 조사하고, 우리가 일상에서 실천할 수 있는 방안들을 제안한다.

계 체제 등에 문제점을 파악하는 능력을 요구하고 있다.

사회-정서적 영역의 학습목표는 핵심역량의 가치와 태도에 속한다. 이의 학습목표는 "여러 층위의 정체성이 상호작용하며 다양한 사회집단과 평화롭게 공존하는 모습을 비판적으로 살펴본다. 서로 다른 집단, 공동체 및 국가들 간의 연결 관계를 비판적으로 파악한다. 다양한 집단 및 관점에 대응하여 관계를 맺는 데 필요한 가치, 태도 및 능력을 개발하여 적용한다."이다. 여기서 유네스코 세계시민교육의 가치와 태도 목표를 볼 수 있는데 '여러 층위의 정체성, 상호작용, 평화로운 공존, 서로 다른 집단, 연결 관계, 다양한 관점' 등이 그것이다. 고등학교 수준은 중학교 수준과 달리 세계시민으로서 가치와 태도를 지니기 위하여 다양성, 관점, 태도, 공존, 평화 등에 대한 비판적 지향성을 가질 필요가 있음을 제시하고 있다. 즉, 중학교 수준의 사회-정서적 영역의 학습목표인 "개인적 정체성과 집단적 정체성, 다양한 사회집단을 구분하고, 보편적 인류라는 소속감을 함양한다. 차이와 다양성에 대한 인정과 존중을 보여 주고, 나와 다른 개인 및 사회집단에 대한 공감과 연대의식을 기른다. 차이와 다양성에서 나오는 유익함과 어려움을 논의한다."를 넘어서고 있다. 고등학교 수준의 학습목표는 '소속감, 인정과 존중, 공감과 연대의식, 차이와 다양성의 유익함과 어려움'을 넘어서는 가치와 태도를 지향하고 있다. 다시 말하여 고등학교 수준의 세계시민교육은 중학교 수준의 가치와 태도 목표를 존중하면서, 더 나아가 이런 상태에 대한 비판적 안목과 불합리, 불평등, 부정의의 측면까지도 담을 수 있는 가치와 태도를 지향하고 있다.

행동적 영역의 학습목표는 "효과적인 시민 참여를 위한 능력을 개발하여 적용한다. 사회정의와 윤리적 책임에 관한 이슈를 비판적으로 파악하고, 차별과 불평등에 맞서기 위한 행동을 한다. 긍정적인 변화를 위한 행동을 제안하고 행동한다."이다. 여기서의 키워드는 '참여, 행동, 변화' 등이다. 세계시민으로서 세계 쟁점, 불평등 문제, 차별 문제, 부정의 문제 등에 적극적으로 참여하고 행동하여 변화를 이끌어 내는 능력을 요구하고 있다. 핵심역량으로서 실천능력을 요구하고 있다.

이상에서 볼 때, 유네스코의 세계시민교육은 세계 체제에 대해서 알고, 이 안의 다양성과 공존 등을 위한 긍정적인 자세로, 세계 문제를 적극적으로 해결하는데 실천할 수 있는 역량을 학습목표로 삼고 있다.

다음으로 세계지리 과목은 총 28개의 성취수준 중에서 14개가 유네스코 세계시민교육의 학습목표와 연계성이 있다. 세계지리 과목에서 세계시민교육과 관련된 성취기준의 학습목표는 '파악하고 ⋯ 비교분석한다', '조사하고 ⋯ 파악한다', '조사하고 ⋯ 평가한다', '파악하고 ⋯ 추론한다', '조사하고 ⋯ 비교 분석하여 ⋯ 평가한다', '비교하고, ⋯ 파악한다', '분석하고 ⋯ 비교하고 해석한다', '조사하고 ⋯ 파악한다', '조사하고 ⋯ 탐구한다', '조사하고 ⋯ 평가한다', '조사하고⋯ 파악한다', '조사하고 ⋯ 토론한다', '조사하고 ⋯ 제안한다'와 같이 핵심역량을 중심으로 제시되어 있다. 학습목표는 '조사하다'가 가장 많이 제시되었고, '파악하다', '비교 분석하다', '탐구하다', '평가하다', '추론하다', '토론하다', '제안하다', '해석하다'가 있다. 학습목표의 핵심역량을 지식, 기능, 가치와 태도로 구분하면, 지식 역량에는 '파악하다'가 있고, 기능 역량에는 '조사하다', '비교 분석하다', '탐구하다', '추론하다', '평가하다', '토론하다', '해석하다', '제안하다'가 있다. 반면에 가치와 태도 역량은 없었다.

그리고 세계지리의 성취기준을 유네스코 학습목표와 관련시켜 보면, 인지적 영역은 4개의 성취수준이 있으며, 대표적인 사례로 "사하라 이남 아프리카의 주요 국가들이 겪고 있는 분쟁 및 저개발의 실태를 파악하고,

…"를 들 수 있다. 다음으로 사회-정서적 영역으로는 10개의 성취수준이 있다. 대표적인 사례로 "사하라 이남 아프리카와 중·남부 아메리카에서 나타나는 자원 개발의 주요 사례들을 조사하고 환경 보존이나 자원의 정의로운 분배라는 입장에서 평가한다"를 들 수 있다. 그리고 행동적 영역에는 1개의 성취 수준이 있었는데, 그 사례로는 "지구적 환경 문제에 대처하기 위한 국제적 노력이나 생태 발자국, 가뭄 지수 등의 지표들을 조사하고, 우리가 일상에서 실천할 수 있는 방안들을 제안한다."이다.

세계지리 과목은 유네스코의 영역에서 사회-정서적 영역이 가장 높은 비중을 보였다. 그 중에서도 성취기준에는 세계의 권역들, 기후환경에 적응한 인간 생활의 모습, 상징적 의미들, 민족(인종)의 다양성, 자원 개발의 주요 사례들, 민족(인종)이나 종교적 차이, 지구촌의 주요 노력들이 다수의 내용을 차지하였다. 이것으로 보면, 세계지리는 사회-정서적 영역에서 차이 및 다양성에 대한 존중을 중심으로 구성되어 있음을 알 수 있다. 그리고 세계지리에서는 행동적 영역을 "지구적 환경 문제에 대처하기 위한 국제적 노력이나 생태 발자국, 가뭄 지수 등의 지표들을 조사하고, 우리가 일상에서 실천할 수 있는 방안들을 제안한다."로 1가지만을 제시하였다. 이것으로 보아 세계지리는 세계시민으로서 참여와 실천을 강조하는 행동은 다소 소홀히 다루어지고 있음을 볼 수 있다.

5. 학습용어

여기서는 유네스코와 세계지리 과목의 학습용어를 살펴보았다. 그리고 두 영역 간의 일치도는 핵심 어휘가 같을 경우나 의미가 같을 경우 일치하는 것으로 보고 살펴보았다.

유네스코의 '세계시민교육: 주제와 학습목표'는 교육목표와 관련된 주요 중심어를 제시하였다. 유네스코는 학습영역별, 즉 인지적 영역 74개, 사회-정서적 영역 40개, 행동적 영역 10개 총 124개의 중심어를 제시하였다. 인지적 영역은 시민정신, 세계화, 상호연계, 상호의존, 권력관계 등이 있고, 사회-정서적 영역은 태도, 행태, 문화, 다양성, 정체성(집단, 문화, 성, 국가, 개인 정체성), 종교 등이 있다. 그리고 행동적 영역은 가치체계, 사회적 책임, 윤리적 책임, 공정무역, 인도주의 행동, 사회정의 등이 있다.

세계지리 과목은 각 단원마다 제시된 성취기준에서 학습용어를 제시하고 있다. 이는 해당 성취기준을 제시하면서 필요한 학습용어를 함께 제시하였다. 세계지리는 총 8개 단원에서 55개의 학습용어를 제시하고 있다.

유네스코와 세계지리 과목의 학습용어를 비교해 보면, 유네스코는 총 124개 중 21개(16.9%)가 세계지리의 학습용어와 일치하는 것으로 나타났다(표 7). 이를 영역별로 보면, 인지적 영역은 74개 중 16개(21.6%)가, 사회-정서적 영역은 40개 중 4개(10.0%)가, 그리고 행동적 영역은 10개 중 1개(10.0%)가 동일한 학습용어로 나타났다. 상대적으로 지식을 다루는

〈표 7〉 유네스코 세계시민교육과 세계지리의 학습용어 비교

	유네스코 세계시민교육	세계지리
인지적 영역	세계화, 이민, 이주, 이동성, 피난자, 갈등, 경제적 불평등, 불평등, 난민, 자원의 불균등, 기후 변화, 재난 감소, 환경, 자연재앙, 지속가능한 발전, 지리	세계화, 경제의 세계화, 인구 이주, 자연환경 자원의 분포와 이동, 화석 에너지 자원의 분포와 이동, 오염 물질의 국제적 이동, 제 난민, 기후 변화, 환경 보존, 지역 분쟁, 자연 재해, 지속가능한 환경
사회-정서적 영역	문화다양성, 다양성, 종교, 통합	민족(인종)의 공간적 다양성, 종교의 공간적 다양성, 지역 통합, 종교 경관, 종교의 전파
행동적 영역	사회정의	자원의 정의로운 분배

인지적 영역에서 세계지리의 학습용어와 일치하는 중심어의 비율이 높게 나타났다. 그러나 사회-정서적, 행동적 영역은 10.0%만이 일치하는 것으로 나타났다.

세계지리의 경우, 학습용어 중 총 55개 중 18개(32.7%)가 유네스코의 중심어와 일치하였다. 그 대표적인 사례로는 기후 변화, 자연 재해, 지속가능한 환경, 종교, 자연환경, 자원의 분포와 이동, 민족(인종)의 공간적 다양성, 종교의 공간적 다양성, 지역 분쟁 등이다. 학습용어에서 유네스코와 가장 높은 일치율을 보인 단원은 4단원 몬순아시아와 오세아니아, 7단원 사하라 이남 아프리카와 중·남부 아메리카, 그리고 8단원 평화와 공존의 세계이다. 이 단원들은 상대적으로 세계시민교육에서 중시하는 다양성, 차이, 환경, 난민 등을 많이 다루고 있다. 이를 통해서 볼 때, 유네스코의 세계시민교육과 세계지리 과목은 중심어 측면에서 그 연계성이 높게 나타나고 있다.

IV. 결론

여기에서는 지리교육에서 세계시민교육의 연구 성과, 유네스코와 지리교육이 바라보는 세계시민교육, 유네스코 세계시민교육과 세계지리와의 비교 분석하였다. 그리고 유네스코 세계시민교육과 세계지리의 연계성을 핵심역량, 내용체계, 교육목표, 학습용어를 중심으로 살펴보았다.

지리교육 분야의 연구 성과를 볼 때, 지리교육은 세계시민교육을 구체적으로 실천할 수 있는 가능성을 충분히 가진 교과임을 알 수 있다. 지리교과는 세계, 스케일, 환경, 지역 간 의존성 등 지리적·공간적 속성을 가지고 있어서, 세계시민교육을 실천할 수 있는 가능성을 가지고 있다. 특히 지리교육은 시민성 함양, 지속가능한 개발 등 세계시민교육의 핵심요소를 다루고 있다.

본 장에서는 세계시민교육을 추구하는 유네스코의 '세계시민교육: 주제와 학습목표' 문서와 2015 개정 '세계지리 교육과정' 문서를 핵심역량, 교육목표, 교육체계 및 학습용어를 중심으로 비교 분석하여, 두 영역 간의 상호연계성을 알아보았다. 그 결과, 유네스코와 세계지리는 세계의 상호연계성과 상호의존에 대한 지식과 이해를 바탕으로 차이와 다양성을 존중하여 책임감을 가진 인간을 기르고자 하는 공통점을 지니고 있음을 알 수 있다. 세계지리는 교육목표를 글로벌 리더십을 가진 인간으로 표현하고 있는 점에서 차이가 있으나, 학습목표 면에서 두 영역은 상호 일치함을 알 수 있다. 다음으로 핵심역량 면에서, 두 영역은 지식, 가치/태도, 기능 면에서 많이 일치를 보이고 있는 반면에, 행동 면에서 큰 차이를 보였다. 세계지리는 핵심역량에서 행동이나 참여를 소홀히 하였다.

다음으로 학습목표 면에서 유네스코의 세계시민교육은 세계 체제에 대해서 알고, 이 안의 다양성과 공존 등에 대한 긍정적인 자세로 세계 문제를 적극적으로 해결하는 데 실천할 수 있는 역량을 학습목표로 삼고 있다. 그리고 세계지리는 세계의 자연환경과 인문환경의 경관과 생활이라는 주제 중심의 계통지리와 몬순 아시아와 오세아니아, 건조 아시아와 북부 아프리카, 유럽과 북부 아메리카 및 사하라 이남 아프리카와 중·남부 아메리카라는 지역지리가 중심을 이루고 있다. 세계지리는 유네스코의 인지적 영역인 세계의 다양성과 차이를 중심으로 세계시민교육을 학습하고 있다. 또한 세계화와 지역 이해, 평화와 공존의 세계 단원을 통하여 세계 문제에 대한 행동적 영역을 일부 다루고 있음을 볼 수 있다. 다음으로 성취기준 면에서 세계지리 과목은 유네스코의 사회-정서적 영역이 가장 높은 비중을 보였고, 사회-정서적 영역에서 차이 및 다양성에 대한 존중을 중심으로 구성되었다. 그리고 세계지리에서는 행동적 영역에서 세계시민으로서 참여와 실천을 강조하는 행동은 소홀히 다루고 있다.

마지막으로 학습용어 면에서 세계지리는 32.7%가 유네스코의 중심어와 일치하였다. 유네스코는 17.7%가 동일한 것으로 나타났다. 이를 보면, 지식을 다루는 인지적 영역에서 세계지리의 학습용어와 일치하는 중심어의 비율이 높게 나타났으나, 사회-정서적 영역과 행동적 영역은 10.0%만이 일치하는 것으로 나타났다.

유네스코가 지향하는 세계시민교육은 세계화 시대에 존중받고 있다. 문제는 이런 세계시민교육이 지향하는 교육을 학교현장에서 구체적으로 실천하여 성취해 내는 것이다. 세계시민교육은 학교에서 독립교과로서 가르쳐지지 않기 때문에, 제대로 된 교육을 위해서는 이를 다룰 학교 교과목이 절대적으로 필요하다. 이런 상황에서 유네스코의 세계시민교육이 지향하는 학습목표, 핵심역량, 내용체계, 학습용어, 성취기준 등을 분석해 볼 때, 세계지리 과목은 유네스코의 세계시민교육을 충실하게 성취할 수 있는 과목임을 알 수 있다. 그래서 세계시민교육과 세계지리의 연계성을 바탕으로 학교 현장에서 세계시민교육을 실현할 수 있는 보다 구체적인 수업방법 등의 개발이 요구된다.

참고문헌

강현석, 2011, **현대 교육과정 탐구**, 파주: 학지사.
교육부, 2015, **사회과 교육과정**, 교육부.
김다원, 2010, 사회과에서 세계시민교육을 위한 "문화 다양성" 수업 내용 구성, **한국지**

역지리학회지 16(2), 167-181.

김현덕, 2007, 다문화 교육과 국제이해교육의 관계 정립을 위한 연구, **국제이해교육연구** 2, 59-76.

노혜정, 2008, 세계 시민 교육의 관점에서 세계 지리 교과서 다시 읽기: 미국세계 지리 교과서 속의 '한국', **대한지리학회지** 43(1), 154-169.

박선희, 2009, 다문화사회에서 세계시민성과 지역정체성의 지리교육적 함의, **한국지역지리학회지** 15(4), 478-493.

배지현, 2014, 지리학습활동을 통한 유아세계시민교육 적용에 관한 실행연구 -국제가 상교류활동을 중심으로-, **다문화교육연구** 7(2), 한국다문화교육학회, 107-127.

유네스코 아시아태평양 국제이해교육원, 2014, **글로벌 시민교육: 새로운 교육의제** (*Global Citizenship Education: An Emerging Perspective*), 유네스코 아시아태평양 국제이해교육원.

이경한, 2015, 유네스코 세계시민교육과 세계지리의 연계성 분석, **국제이해교육연구** 10(2), 한국국제이해교육학회, 45-75.

이경한, 2015, 지리 문해력을 통한 국제이해교육 실천하기, 한국국제이해교육학회 편, **모두를 위한 국제이해교육**, 서울: 살림터, 326-341.

이동민, 2014, 초등지리 교육과정에 반영된 세계시민교육 관련 요소의 구조적 특성에 관한 연구, **대한지리학회지** 49(6), 949-969.

이태주, 김다원, 2010, 지리교육에서 세계시민의식 함양을 위한 개발교육의 방향 연구, **대한지리학회지** 45(2), 293-317.

정우탁, 2015, 유네스코는 어떠한 교육을 추구하는가?, 한국국제이해교육학회 편, **모두를 위한 국제이해교육**, 서울: 살림터, 36-57.

최정숙, 조철기, 2009, 지리를 통한 세계 시민성 교육의 전략 및 효과 분석-커피와 공정무역을 사례로-, **한국지리환경교육학회지** 17(3), 239-257.

한경구, 김종훈, 이규영, 조대훈, 2015, **SDGs 시대의 세계시민교육 추진 방안**, 유네스코 아시아태평양 국제이해교육원.

한국국제이해교육학회 편, 2015, **모두를 위한 국제이해교육**, 서울: 살림터.

한희경, 2011, 비판적 세계 시민성 함양을 위한 세계지리 내용의 재구성 방안-사고의 매개로서 '경계 지역'과 지중해 지역의 사례-, **한국지리환교육학회지** 19(2), 123-141.

UNESCO, 2015, *Global Citizenship Education: Topics and Learning Objectives*, Paris: UNESCO.

4장

세계시민교육의 관점에서 본 지리교육과정

I. 서론

글로벌 시대를 맞이하면서 세계시민교육은 그 중요성이 날로 증대하고 있다. 특히 글로벌 사회에서 이주, 난민, 분쟁, 테러, 빈부 차이, 환경문제 등이 세계 사회의 문제로 대두하면서 세계시민교육의 필요성이 강조되고 있다. 글로벌 사회의 문제를 해결하는 데 있어서 세계에 대한 이해를 요구하고 있음을 볼 수 있다. 글로벌 문제가 국가, 민족, 인종, 문화, 종교 등의 서로 다름에 대한 인정, 이해, 관용, 공감 등의 부족에서 기인하고 있어서 이를 해소하기 위한 교육이 매우 강조되고 있다. 서로 다름에 대한 이해 부족은 곧 타국가, 타문화, 타인종, 타민족, 타종교 등에 관한 자신의 아집과 편견을 낳는다. 세계시민교육은 학생들이 글로벌 사회의 차이를 적극적으로 이해하도록 돕고, 더 나아가 글로벌 쟁점이나 문제들에 적극적으로 참여하여 이를 해결할 수 있는 역량을 기르고자 한다.

세계시민교육은 학생들이 세계시민으로서 지향해야 할 시민성을 제시해 주고 있다. 하지만 학교 현장에서 세계시민교육이 지향하는 바를 구체적으로 담아내고 실천할 수 있는 교과가 없다는 점에서 그 실체가 부족한 약점이 있다. 현재 세계시민교육은 학교교육에서 범교과에서 실행하고 있다. 그러나 세계시민교육을 학교교육에서 가장 근접하게 실천하고 있는 교과가 지리교과임에는 누구도 부인하기 힘들 것이다. 특히 고등학교의 세계지리와 여행지리 과목은 세계를 대상으로 한 콘텐츠가 많아서 학교교육에서 세계시민교육을 구체적으로 실현하는 데 큰 기여를 할 가능성이 높다. 그래서 지리교사들은 세계지리와 여행지리 과목이 세계시민교육의 어떤 내용과 지향점을 가지고 있는지에 대한 관심을 가질 필요가 있다. 또한 세계시민교육의 입장에서 지리교과가 지니고 있는 관점과 콘텐츠를 살펴볼 필요도 있다.

지리교과에서 세계시민교육에 관한 연구는 지리교육의 목표를 성취하는 과정에서 세계시민성을 성취하고자 하는 바에 관한 것이다. 반면 세계시민교육에서 지리교과 연구는 세계시민성을 신장시키기 위한 도구로 세계시민교육이 연구되고 있음은 분명하다. 먼저, 지리교육에서 세계시민교육의 연구는 시민성 연구(조철기, 2005)로부터 시작하여 시민성을 글로벌 스케일로 확장하여 이루어지고 있다. 이의 연구로는 지리교육과 세계시민(성)교육의 연계성(박선희, 2009; 조철기, 2013; 이경한, 2015), 세계시민교육과 지리교육과정(이동민, 2014; 이동민, 고아라, 2015; 이경한, 2015; 김갑철, 2016; 김다원, 2016), 지리교과서 연구(노혜정, 2008; 한희경, 2011; 김갑철, 2017), 세계시민교육을 위한 지리수업방법(최정숙, 조철기, 2009; 조철기, 2013), 세계시민교육의 하위영역 연구(이태주, 김다원, 2010; 고미나, 조철기, 2010) 등이 있다. 이를 통해서 볼 때, 지리교육에서 세계시민성 함양을 위한 교육목표, 교육과정, 수업방법, 교과서, 관련 영역의 연구가 이루어지고 있음을 볼 수 있다. 지리교육의 다양한 영역에서 세계시민교육에의 기여 가능성과 그 방법을 연구하고 있다. 하지만 국가교육과정의 개정으로 지리교육과정도 변화하고 있어서, 개정된 교육과정에 맞추어 세계시민교육 연구도 수행할 필요가 있다. 주로 지리교육의 입장에서 연구가 수행되었기에, 세계시민교육의 관점에서 지리교육과정을 검토하는 연구도 요청되고 있다.

이에 여기에서는 2015 개정교육과정을 대상으로 세계시민교육의 관점이 지리교육과정에 어떻게 반영되어 있는지를 분석하고 세계시민교육의 방향을 제시하고자 한다. 그리고 세계시민교육의 역량, 세계 시민교육의 관점, 그리고 지리교육과정의 분석을 중심으로 논의를 전개하고자 한다. 세계시민교육의 신자유주의적 관점과 비판적 관점을 바탕으로 해서 지리교육과정을 살펴보고자 한다.

II. 세계시민교육의 역량과 관점

1. 세계시민교육의 역량

글로벌 사회로 진입하면서 우리 교육의 화두로 자리 잡은 세계시민교육은 학습자들로 하여금 자신이 속한 글로벌 공동체에서 시민으로서의 역할을 준비하고 자신의 권리와 책무를 인식하게 하는 교육이다(김다원, 2016, 20). 세계시민교육의 출발은 글로벌 교육으로 볼 수 있다. David Hicks는 글로벌 교육을 1960년대와 1970년대에 기원한 학습 분야로 보았다. 이 분야는 사회운동과 비정부기구가 도래하면서 나타난 상호의존, 환경, 인종주의, 평화 그리고 미래를 담고 있다(Standish, 2013, 246). 이 교육은 서로 생긴 모습과 언어, 그리고 생활양식이 다른 지구상의 여러 사람들이 점점 가까워지고 있는 세계에서 어떻게 평화롭게 살 수 있을 것인가에 대한 교육적 고민의 결과라고 할 수 있다(이경한 외, 2017, 7).

글로벌 교육의 지지는 1980년 이후 글로벌 토대를 갖춘 회사들의 성공과 함께 교육을 국제 인식의 차원으로 본 정치인, 기업가, 정책 입안자로부터 이루어졌다. 이것은 해외 회사와 편히 일을 할 수 있고, 해외시장과 문화에 민감한 졸업생들을 찾는 다국적 사용자들이 있는 미국에서 특히 이런 사례가 많았다(Standish, 2013, 246). 그 결과, 미국의 주지사, 시장, 정책 입안자와 정치인들은 학교에서 글로벌 교육을 지지하는 선도의 자리에 합류하였다. 또 하나의 축은 비정부기구(NGO)이다. 비정부기구는 글로벌 교육을 시민교육으로 발전시키는 데 선도에 섰다. 그 대표적인 기구가 영국의 옥스팜(Oxfam)이다.

글로벌 교육은 세계화에 따른 글로벌 사회로의 전환으로 세계시민성에의 관심으로 확장되었다. 그래서 세계시민교육(Global Citizenship Education)(Wintersteiner et al., 2015)은 시민교육의 개념을 글로벌 사회로 확장함으로써 세계화에 부응하고, 평화교육과 인권교육의 윤리적 가치를 채택하고, 글로벌 교육이 제공한 '글로벌 사회' 관점을 강조하고, 세계시민성의 개념을 통하여 시민교육, 평화교육과 인권교육을 글로벌 스케일에서 통합하고자 한다. 세계시민교육은 유엔과 유네스코를 통하여 보다 적극적으로 교육에 보급되었다. 2012년 반기문 유엔사무총장은 글로벌교육 우선구상(Global Education First Initiative, GEFI)에서 "교육은 우리가 지구촌 공동체의 시민으로서 하나로 결합되어 있으며 우리 앞에 놓인 도전

과제들이 서로 연결되어 있다는 점을 진정으로 이해할 수 있게 해 준다."
고 강조하고 이에 대한 세계시민교육의 필요성을 언급하였다(강순원 외, 2017, 305). 그리고 유네스코는 '세계시민교육: 21세기의 도전을 위하여 학습자를 준비시키기(Global Citizenship Education: Preparing learners for the challenges of the 21st century)'(2014), '세계시민교육: 학습주제 및 학습목표'(2015) 등을 출판하면서 세계시민교육을 학교교육에 보급하려고 노력하였다.

세계시민교육은 기본적으로 세계시민성을 가진 세계시민을 육성하는 데 목표를 두고 있다. 세계시민으로서 갖추어야 할 역량에 대해서는 많은 사람들이 주장하고 있다. 먼저, 옥스팜은 세계시민은 '더 넓은 세계를 인식하고 세계시민으로서 자신의 역할을 아는 사람, 다양성을 존중하고 가치 있게 여기는 사람, 세계를 보다 평등하고 지속가능한 장소로 만들려고 행동하려는 사람, 자신의 행동에 책임감을 갖는 사람'(Oxfam, 1997, 2)으로 정의한 후, 책임감 있는 세계시민성의 핵심 요소로 '지식과 이해', '기능' 그리고 '가치와 태도'(Oxfam, 1997, 3)로 제시하였다(표 1). 지식과 이해는 사회정의와 평등을, 기능은 비판적 사고 등을, 그리고 가치와 태도는

〈표 1〉 책임감 있는 세계시민성을 위한 핵심 요소

요소	내용
지식과 이해	사회정의와 평등
기능	비판적 사고, 효과적으로 토론하는 능력, 사람과 사물의 존중, 협력과 갈등 해결
가치와 태도	정체성 인식과 자기존중, 공감, 사회정의와 평등에 대한 소명의식, 다양성의 가치와 존중, 환경에 대한 관심과 지속가능발전에 대한 소명의식, 사람들이 차이를 만들 수 있는 믿음

Oxfam, 1997, 3

〈표 2〉 옥스팜의 세계시민성 핵심역량

지식과 이해	기능	가치와 태도
• 사회정의와 평등 • 정체성과 다양성 • 세계화와 상호의존 • 평화와 갈등 • 인권 • 권력과 협치	• 비판적, 창의적 사고 • 공감 • 자기 인식과 성찰 (Self-awareness and reflection) • 의사소통 • 협동과 갈등 해결 • 복잡성과 불확실성의 관리 능력 • 정보화 되고 성찰석 행동 (Informed and reflective action)	• 정체성과 자기 존중 인식 • 사회정의와 평등에 대한 소명의식 • 인간과 인권의 존중 • 가치 다양성 • 환경에 대한 관심과 지속가능 발전에 대한 소명의식 • 참여와 포용에 대한 소명의식 • 사람이 변화를 가져올 수 있다는 신념

Oxfam, 2015, 5

공감, 다양성의 가치와 존중 등을 역량으로서 제시하였다. 이후 옥스팜 (Oxfam, 5)은 세계시민성의 핵심역량을 보다 구체적으로 다시 제시하였다(표 2).

다음으로 유네스코는 세계시민교육의 핵심 개념 영역을 '인지적, 사회·정서적, 그리고 행동적 영역'(유네스코 아시아태평양 국제이해교육원, 2015, 16)으로 구분하여 제시하였다. 세계시민교육의 인지적 영역에서는 지역사회, 국가, 범지역, 세계의 이슈를 비롯해 국가 및 사람들 간의 상호 연계성, 상호의존성에 대한 지식, 이해, 비판적 사고를 습득함을 강조하였다. 사회·정서적 영역은 차이와 다양성에 대한 존중, 연대 및 공감, 가치와 책임을 공유하여 인류애를 함양하고, 행동적 영역은 더 평화롭고 지속가능한 세상을 위해 지역, 국가, 세계적 차원에서 효과적이고 책임감 있게 행동한다(유네스코 아시아태평양 국제이해교육원, 2015, 16)로 제시하였다. 유네스코는 세계시민의 역량을 갖추기 위해서는 세계의 연계성에

〈표 3〉 세계시민교육의 핵심역량

① 다중적 정체성에 대한 이해와 개인의 인종, 문화, 종교, 계급 등의 차이점을 초월하는 공동의 '집단 정체성'에 기초한 태도
② 보편적인 핵심 가치(예: 평화, 인권, 다양성, 정의, 민주주의, 차별 철폐, 관용) 및 글로벌 이슈와 경향에 대한 깊은 이해
③ 비판적, 창의적, 혁신적 사고, 문제해결 및 의사결정에 필요한 인지적 기능들
④ 감정이입, 상이한 관점들에 대한 열린 태도
⑤ 공감 또는 갈등 해결에 기여하는 사회적 기술과 의사소통 능력, 그리고 다양한 언어, 문화, 관점을 가진 사람들과 소통하는 능력과 같은 비인지적 기능들
⑥ 적극적인 행동과 실천에 참여하는 행동 능력

관한 지식을 바탕으로, 세계의 차이와 다양성을 존중하고 이에 공감하고, 이를 실현하기 위하여 책임감 있는 실천을 요구하고 있다.

한경구 외(2015, 41)는 세계시민교육의 핵심역량(Core Competencies)을 6가지로 제시하였다(표 3). 그리고 Wintersteiner et al.(2015, 11)은 세계시민의 역량을 "세계시민은 자신의 상황을 비판적으로, 체계적으로 그리고 창의적으로 검토하고 물음을 제기하고, 다양한 시각, 수준과 입장으로 주제를 이해하기 위하여 다양한 관점을 가질 수 있는 역량을 가진다. 세계시민은 공감, 갈등 해결 능력, 의사소통 기능, 다른 조건의 사람들과 사회적 상호작용에 참여하는 능력, 그리고 협력과 책임감 있는 방식으로 타인과 협동할 수 있는 능력과 같은 사회적 역량을 가진다."로 제시하였다.

세계시민의 핵심역량은 세계시민으로서 역할을 수행하는 데 있어서 지침과 방향성을 제공해 준다. 옥스팜과 유네스코는 세계시민이 갖추어야 할 역량을 각각 '지식과 이해, 기능, 그리고 가치와 태도'와 '인지적, 사회·정서적, 그리고 행동적 영역'으로 구분하여 제시하였다. 그러나 이 둘의 구분은 용어의 차이이지 내용적 차이를 갖지는 않고 있다. 즉, 지식과 이해는 인지적 영역, 기능은 행동적 영역, 그리고 가치와 태도는 사회·정

	지식	가치와 태도	기능
옥스팜	• 사회정의와 평등 • 정체성과 다양성 • 세계화와 상호의존 • 평화와 갈등 • 인권 • 권력과 협치	• 비판적, 창의적 사고 • 공감 • 자기 인식과 성찰 • 의사소통 • 협동과 갈등 해결 • 복잡성과 불확실성의 관리 능력 • 정보화 되고 성찰적 행동	• 정체성과 자기 존중 인식 • 사회정의와 평등에 대한 소명의식 • 인간과 인권의 존중 • 가치 다양성 • 환경에 대한 관심과 지속가능발전에 대한 소명의식 • 참여와 포용에 대한 소명의식 • 사람이 변화를 가져올 수 있다는 신념
유네스코	• 국가 및 사람들 간의 상호연계성, 상호의존성에 대한 지식	• 차이와 다양성에 대한 존중 • 연대 및 공감 • 가치와 책임을 공유한 인류애 함양	• 지역, 국가, 세계적 차원에서 효과적이고 책임감 있는 행동
한경구 외	• 보편적인 핵심 가치 및 글로벌 이슈와 경향의 이해 • 다중적 정체성에 대한 이해	• 개인의 인종, 문화, 종교, 계급 등의 차이점을 초월하는 공동의 '집단 정체성'에 기초한 태도 • 감정이입 • 상이한 관점들에 대한 열린 태도	• 비판적, 창의적, 혁신적 사고 • 문제해결 및 의사결정 기능 • 사회적 기술과 의사소통 능력 • 적극적인 행동과 실천에의 참여 능력
빈터스타이너 외	• 비판적, 체계적, 창의적인 검토와 물음 • 다양한 시각, 수준과 입장으로 주제의 이해	• 공감	• 의사소통 기능 • 갈등 해결 능력 • 사회적 상호작용에 참여하는 능력 • 타인과 협동 능력

서적 영역과 일치도가 높게 나타나고 있다. 한경구 외(2015)와 Winter-steiner et al.(2015)의 주장도 분류하면 앞의 분류와 큰 차이를 보이지 않고 있다. 그래서 여기서는 세계시민교육의 핵심역량을 지식, 가치와 태도, 기능으로 분류하였다(표 4).

〈표 4〉를 중심으로 세계시민교육의 핵심역량을 보면, 지식은 '다양한 시각, 다양성, 상호의존, 상호연계'를, 가치와 태도는 '공감, 감정이입'을, 그리고 기능은 '비판적이며 창의적인 사고, 의사소통, 참여, 행동과 실천'을 공통요소로 들 수 있다. 공통요소를 중심으로 세계시민교육의 핵심역량을 보면, 지식에서는 다양한 세계의 상호연계와 상호의존성에 대한 이해, 가치와 태도에서는 감정이입을 통한 공감 능력, 그리고 기능에서는 비판적이며 창의적 사고, 의사소통, 참여 능력을 요청하고 있음을 알 수 있다. 이런 핵심역량을 바탕으로 세계시민교육은 "학습자가 지역 글로벌 차원에서 능동적 역할을 스스로 떠맡으며 세계의 어려운 문제들에 맞서 해결하고, 궁극적으로는 더 정의롭고, 평화로우며, 관용적이고, 포용적이며, 안전하고, 지속가능한 세상을 만드는 데 앞장설 수 있도록 그들의 역량을 키우는 데 목적이 있다."(유네스코, 2014, 27).

2. 세계시민교육의 관점

세계시민교육을 시행하는 데 있어서 세계시민교육은 다양한 관점[1]을 담고 있다. 세계시민교육을 바라보고 접근하는 관점은 다양하게 주장되

---

1. 연구자에 따라서 접근방법, 패러다임, 접근 등의 다양한 용어를 사용하고 있다. 이 용어들은 기본적으로 세계시민교육에 대한 관점을 반영하고 있기에, 여기서는 관점으로 사용하고자 한다.

〈표 5〉 소프트 세계시민교육 대 비판적 세계시민교육

	소프트 세계시민교육	비판적 세계시민교육
문제	가난, 무원조(helplessness)	불평등, 부정의(injustice)
문제의 본질	'개발', 교육, 자원, 기능, 문화, 기술 등의 부족	복잡한 구조, 체계, 가정, 권력관계, 그리고 창조하고 탐구하며, 영향력을 가하지 않고 차이를 제거하려는 태도
(남반구와 북반구에서) 우선권의 정당화	'개발', '역사', 교육, 부지런한 노동(harder work), 더욱 좋은 조직, 자원의 활용, 기술	부당하고 폭력적인 체계와 구조로부터 나온 통제와 얻는 이익
돌봄의 토대 (basis for caring)	보편적 인간성/선한 존재/나눔과 돌봄. 타자를 위한(FOR) (혹은 타자를 가르치기 위한) 책임감	정의/악함의 복잡성(complicity in harm). 타자를 향한(TOWARD) (혹은 타자와 함께 배우기 위한) 책임감 – 책무성
행동의 근거	(사고와 행동을 위한 규범 원리에 토대한) 인본주의/도덕	(관계를 위한 규범 원리에 토대한) 정치적/윤리적
상호의존의 이해	우리는 모두 평등하게 상호연계되어 있고, 같은 것을 원하고, 같은 것을 행할 수 있다.	보편성이라는 가정하에 놓인 불균형한 세계화, 불평등한 권력관계, 북반구와 남반구의 엘리트
변화를 요하는 것	개발에의 장애물인 구조, 제도와 개인	구조, (신념) 체계, 제도, 가정, 문화, 개인, 관계
무엇을 위하는가?	모든 사람들이 개발, 조화, 관용과 평등을 성취하기 위하여	부정의를 알리고, 동등한 대화의 조건을 만들고, 사람들이 자신의 개발을 결정하는 데 보다 많은 자치권을 가질 수 있도록 하기 위하여
'보통' 사람들의 역할	일부 개인은 문제의 부분이고, 보통 사람들은 구조를 변화시키는 데 압력을 가할 수 있을 때 해결의 부분이다.	우리는 모두 문제의 부분이자 해결의 부분이다.
개인이 할 수 있는 것	구조를 변화하기 위한 캠페인을 지지하고, 시간, 경험과 자원을 기부한다.	자신의 위치/상황을 분석하고 자신의 상황 안에서 구조, 가정, 정체성, 태도와 권력관계를 변화시키는 데 참여한다.

변화는 어떻게 일어나는가?	외부로부터 안으로 (주어진 변화)	차이에 대한 반성(reflexivity), 담론, 우연성(contingency)과 윤리적 관계 (급진적 개선)
세계시민 교육의 목적	사람들을 위하여 좋은 삶 혹은 이상적 세계로 정한 바에 따라서 개인의 행동 역량을 강화한다 (혹은 능동적인 시민이 되도록 한다).	전통과 문화의 과정에 대해서 비판적으로 살펴볼 수 있고, 다른 미래를 상상할 수 있고, 의사결정과 행동에의 책임감을 갖도록 개인의 역량을 강화한다.
세계시민 교육을 위한 전략	세계 쟁점에 대한 인식 증진과 캠페인 활동	세계 쟁점과 관점, 그리고 차이에 대한 윤리적 관계를 활용하여 참여를 증진하는 것. 복잡성과 권력관계를 살펴보는 것
세계시민 교육의 잠재적 이익	일부 문제에 대한 인식 증진, 캠페인 지지, 무엇을 돕고/행하는데 있어서 동기 부여, 좋은 인자에 대한 느낌(feel good factor)	독립적(independent)/비판적 사고, 보다 정보화되고 책임감 있고 윤리적인 행동
잠재적인 문제	자만심과 독선, 문화적 우월감, 식민주의적 사고와 관계 강화, 특권 강화, 부분적 소외, 무비판적 행동	죄책감, 내적 갈등과 파행, 비판적 무의무감(critical disengagement), 무력감

Andreotti, 2006, 46-48

고 있다. 이 중에서 가장 대표적인 것은 Andreotti(2006)를 들 수 있다. 그는 세계시민교육의 접근방법을 소프트 세계시민교육과 비판적 세계시민교육으로 제시하였다(표 5). 소프트 세계시민교육은 글로벌 시민, 상호의존성, 상호연계성을 강조하는 반면, 비판적 세계시민교육은 권력, 의견(voice)과 차이를 강조하고 하고 있다. 소프트 세계시민교육은 제3세계가 가지고 있는 가난에 대한 문제의식을 가지고서, 개발, 교육, 자원, 기능, 문화, 기술 등의 부족을 가난 문제의 본질로 보았다. 그리고 비판적 세계시민교육은 남반구와 북반구 간의 불평등과 부정의를 문제로 보고서, 이런 불평등과 부정의를 가져온 차이를 제거하고자 하는 데 중심을 두고 있다. 더 나아가 Pashby and Andreotti(2015)는 "소프트 접근방법은 보편성과 통합을 목표로 하는 세계시민성에 대해서 자유적 개인주의와 성과주의적 이해에 토대를 두고 있는 반면, 비판적 세계시민교육은 글로벌 문제가 되고 '제3세계' 문제로 이해되는 것에는 '서구'와 '북반구'가 복잡하게 얽혀 있음을 알게 하는 후기식민주의 관점을 내포하고 있다."(Pashby and Andreotti, 2015, 14)고 설명을 더하였다.

Andreotti(2006)의 세계시민교육 접근방법을 받아들인 유네스코 아시아태평양 국제이해교육원(2017)은 세계시민교육을 '온건한(soft)' 혹은 자유주의/신자유주의 패러다임과 비판적 패러다임으로 분류하였다. 그리고 "온건한 패러다임은 공정무역을 통해, 자원·재화·용역·기술·지식의 형평한 분배와 교환을 통해, 그리고 남반구 국가들이 북반구 국가들을 '따라 잡도록' 도와주는 해외원조를 통해 국가 간, 사람들 간의 상호의존 관계를 보여 주고자 한다. 반면 비판적 패러다임은 경제·정치·사회·문화적 권력과 구조적 폭력이 관계를 형성하고 의존성 및 불평등을 심화시키는 데에 영향을 미친다."는 점을 강조한다(유네스코 아시아태평양 국제이해교육원, 2017, 16). 그러나 온건한 패러다임은 전지구화가 모두에게 이득을 가져다준다고 보는 반면, 비판적 패러다임은 기업 주도의 전지구화와 고삐 풀린 성장 및 소비주의로 인해 전지구화의 이득이 불평등하게 배분되고 이를 통해 북반구 국가들과 남반구의 엘리트 집단들만의 혜택을 보고 있으며, 국가 간, 국가 내에서의 양극화가 확대되고 환경이 지속가능성을 상실하고 있다고 비판을 가한다(유네스코 아시아태평양 국제이해교육원, 16).

Wintersteiner 외(2015)는 Andreotti의 관점을 바탕으로 하여 세계시민교육을 개인-인본주의 접근방법과 구조적-정치적 접근방법으로 제시하였다(표 6). 개인-인본주의 접근방법은 인간성이 상호의존과 세계적 상

<表 6> 세계시민교육의 접근방법

개인-인본주의 접근방법	구조적-정치적 접근방법
도덕적 기초에 터한 행동은 쉽게 철회되고 불평등한 (온정주의적) 권력관계를 재생산하고 끝을 맺는다.	정의는 정치적이고 보다 공정하고 평등한 관계를 촉진하기 때문에, 사고를 하는데 매우 좋은 토대이다.
인간적 존재(being human)는 도덕성 문제를 가져온다.	시민적 존재(being citizen)는 정치적 쟁점을 일으킨다.
보편적 인간성(common humanity): 상호의존과 세계적 상호연계성을 논의한다.	글로벌이며 보편적 가치로서 서구 북반구의 가치를 투영시키는 데 반대를 하면서 불평등한 권력관계를 논의한다.
서구 우월성을 무방비하게 그리고 자연스럽게 받아들인다.	서구 우월성의 신비를 비판한다.

Wintersteiner et al., 2015, 11

호연계성을 증진시키고, 구조적-정치적 접근방법은 시민으로서 불평등한 권력관계의 비판을 강조하였다. 그들이 분류한 개인-인본주의 접근방법과 구조적-정치적 접근방법은 Andreotti(2006)가 사용한 소프트 세계시민교육과 비판적 세계시민교육을 다르게 표현한 것으로 볼 수 있다.

다음으로 장의선 외(2015)는 세계시민교육을 신자유주의적 접근, 급진적 접근과 변혁적 접근으로 분류하였다(표 7). 신자유주의적 접근방법은 전통적인 경계와 지역적인 한정성을 초월하는 공간을 창출하려고 하는 시민을 강조하고, 급진적 접근은 관계나 지구적 유대 의식을 경제적 세계화에 대한 헤게모니의 부산물로 간주하고, 변혁적 접근은 지역적 경험과 공유되는 전 지구적 경험 사이의 연계를 통해 사회적 정의를 창출하는 데 초점을 두고 있다.

여기서 신자유주의적 접근은 경제적, 문화적 세계화에 대응하는 세계시민교육으로서 개인의 학습 능력을 향상시켜 글로벌 경쟁체제를 헤쳐 나갈 수 있도록 하는 데 주안점을 두었다. 다음으로 급진적 접근은 세계

구분	신자유주의적 접근	급진적 접근	변혁적 접근
특징	• '여행자'로서의 글로벌 시민: 글로벌 사회 참여로 정치적, 사회적, 경제적, 환경적 보상에 접근할 수 있도록 전통적인 경계와 지역적인 한정성을 초월하는 공간을 창출하려고 하는 시민	• 전 지구를 가로지르는 자유주의적 관계를 구축하는 것보다는, 이러한 관계나 지구적 유대 의식을 경제적 세계화에 대한 헤게모니의 부산물로 간주함.	• 전통적인 북반구/남반구 구분에서 이제는 국가와 지역을 가로지르는 사회경제적 분할이 이루어지고 있음. • 다양성을 포용하고 보다 포괄적인 공동체를 구축함으로써, 지역적 경험과 공유되는 전 지구적 경험 사이의 연계를 통해 사회적 정의를 창출하는 데 결합하기
정책 사례	• 국가교육정책: 지역 학생과 교사가 국제적 여행에 참여하는 기회를 제공할 것뿐만 아니라 해외 학생 유치에도 주력하는 국제 교육 프로그램	• 사회적, 환경적으로 파괴적인 World Bank를 종식시키려는 국제적인 캠페인	• CCIC(Canadian Council for International Co-operation)의 Building Knowledge in Partnership 프로그램
글로벌 시민성에 대한 접근	• 글로벌 시민성교육의 중점을 지식과 기능의 초국가적 유동성에 둠. • 교육의 목적은 외국어 습득뿐만 아니라 문화적 이해를 바탕으로 교환학생 프로그램 등의 관계 구축을 통해 세계에 대한 자유로운 이동에의 참여를 촉진하는 데 있음.	• 북반구와 남반구 사이의 불균등한 관계를 급진적으로 변화시키기 위해 시민들은 '글로벌 경제 자유주의적 기구'의 경제적 행위와 사회적 압제 및 경제적 파괴 사이의 연관성을 이해해야 함.	• 지구 공동체를 위한 민주적 공간 창출의 중요성과 지역적, 국가적 경계를 가로지르는 협력 관계 구축의 중요성을 강조

장의선 외, 2015, 20

화에 대한 비판적 입장에서 국가, 집단, 개인 간 힘겨루기에서 나타나는 빈곤, 환경, 아동 노동 등 부작용을 정의와 민주주의의 관점에서 어떻게 극복할 것인가를 고민하고 있다(최종덕, 2014, 104; 장의선 외, 20에서 재인용). 그리고 변혁적 접근은 지역 혹은 국가를 가로질러서 나타나는 사회경제적 분할, 동일한 지역, 국가 공동체 내에서 발견되는 불균질함에 대한 인식은 글로벌 시티즌십을 단지 국가 정체성과의 대립함으로 상정하는 것이 아니라 보편과 특수, 글로벌과 로컬의 차원에서 조망하는 것을 가능하게 한다(장의선 외, 21).

세계시민교육에 대한 연구자들의 분류를 살펴보면, Andreotti는 소프트 세계시민교육과 비판적 세계시민교육으로, 유네스코 아시아태평양 국제이해교육원(2017)은 온건한(soft) 혹은 자유주의/신자유주의 패러다임과 비판적 패러다임으로, Wintersteiner 외(2015)는 개인-인본주의 접근방법과 구조적-정치적 접근방법으로, 그리고 장의선 외(2015)는 신자유주의적 접근, 급진적 접근과 변혁적 접근으로 분류하였다. 이들의 분류는 그 용어의 차이에도 불구하고 Andreotti의 분류를 토대로 이루어지고 있다고 볼 수 있다. '소프트 세계시민교육, 온건한 혹은 자유주의/신자유주의 패러다임, 개인-인본주의 접근방법, 신자유주의적 접근'을 동질의 그룹으로 묶을 수 있다. 그리고 '비판적 세계시민교육, 비판적 패러다임, 구조적-정치적 접근방법, 급진적 접근'을 또 하나의 그룹으로 묶을 수 있다. 전자의 분류는 개인, 온정, 인본주의, 자유 등의 키워드로 특징을 보이고 있어서 이를 신자유주의적 세계시민교육으로 명명할 수 있다. 또한 후자의 분류는 '비판, 구조, 급진, 권력' 등의 키워드를 가지고 있어서 비판적 세계시민교육으로 명명할 수 있다.

신자유주의적 세계시민교육은 국가나 다른 집단 소속에 상관없이 모

	신자유주의적 관점	비판적 관점
주요 용어	상호의존, 다양성, 공감	사회정의, 공정성, 인권, 비판
접근방식	차이의 이해와 존중 문화적 이해를 바탕으로 한 온정주의	차별의 원인과 해결 정치권력의 구조적 측면의 분석을 바탕으로 한 비판주의
핵심역량	상호의존성의 이해	구조적 문제에 대한 비판적 사고
저개발 원인	가난, 무원조, 부족	불평등, 부정의(injustice), 권력관계
철학적 기초	선한 인간성, 나눔과 돌봄	정의, 타자를 대한 책임감

든 개인에게 공통적 속성으로 강조되는 도덕적 이해로서 이해되고 있다(Cabrera, 2010, 13). 신자유주의자들은 글로벌 인간 사회에서 모든 개인 간에 연계적, 실천적 혹은 잠재적 연대를 강조한다(Cabrera, 13). 반면 비판적 세계시민교육은 개인을 사회 역사적 조건을 만들고 유지시켜온 것들을 분리시켜 불평등을 드러내려는 경향을 가진다(Pashby and Andreotti, 2015, 12). 비판적 세계시민교육은 신자유주의적 세계시민교육의 "관점이 불의의 세계 환경에 놓인 국가, 지역, 문화들 간의 힘과 영향력의 불균형에 대해서는 언급하지 않았음을 지적하는"(강순원 외, 2017, 306) 것으로부터 연구하였다. 비판적 세계시민교육은 '글로벌 차원의 불평등과 부정의를 세계가 함께 해결해야 할 문제'이며, 이 "문제점 해결을 위해 모두가 동참하는 윤리적인 글로벌 책무성을 강조하면서, 서구 중심의 식민지적 관점에서 탈피하여 세계에 대한 주류집단의 관점을 탈식민지화하는 방향으로"(강순원 외, 306) 나아갈 필요가 있음을 강조한다.

세계시민교육의 관점을 주요 용어, 접근방식, 핵심역량, 저개발 원인, 철학적 기초, 접근방법을 중심으로 재구성하였다(표 8). 이 관점은 지리교육과정을 분석하는 기준으로도 사용할 수 있다.

III. 세계시민교육의 관점으로 본 지리교육과정

지리교과는 세계를 가르치는 교과로서 세계적 차원(global dimension)을 위한 중요한 도구로서 인식하고 있다(Standish, 244). 그래서 여기에서는 세계시민교육의 신자유주의적 관점과 비판적 관점으로 지리교육과정을 분석하고자 한다. 고등학교 세계지리와 여행지리의 교육과정을 대상으로 세계시민교육의 관점으로 과목의 성격, 교과역량, 내용 요소, 학습 요소, 평가방향 등을 분석하고자 한다.

1. 세계지리 과목의 분석

2015 개정 국가교육과정에 제시된 세계지리 과목의 성격은 "세계지리는 현대 세계의 주요 특징인 세계화와 지역화의 흐름에 대한 거시적 이해를 바탕으로 세계 여러 국가나 지역들이 자연환경, 문화, 경제, 정치의 제 측면에서 얼마나 다양한 차이를 보이는지 파악하고, 공간적 다양성과 지역적 차이로 인해 한편으로는 공존을 위한 협력을" 이해하고, "때로는 차이로 인한 갈등을 겪기도 한다는 점을 이해할 수 있게 한다."(표 9)로 나누어 볼 수 있다. 세계지리의 성격은 먼저 다양성과 차이라는 기준으로 세계에 대한 이해를 강조하고 있다. 다음으로 이런 이해를 바탕으로 '차이로 인한 갈등'을 알게 하고 있다. 전자는 '다양성', '차이' 등을 살펴본다는 점에서 세계시민교육의 신자유주의적 관점을 반영하고 있다. 그리고 후자는 '차이', '갈등' 등을 강조하고 있는 점으로 보아 차이를 가져온 원인을 다룰 수 있다는 점에서 세계시민교육의 비판적 관점을 소극적으로 보여주고 있다.

세계지리는 현대 세계의 주요 특징인 세계화와 지역화의 흐름에 대한 거시적 이해를 바탕으로 세계 여러 국가나 지역들이 자연환경, 문화, 경제, 정치의 제 측면에서 얼마나 다양한 차이를 보이는지 파악하고, 공간적 다양성과 지역적 차이로 인해 한편으로는 공존을 위한 협력을, 때로는 차이로 인한 갈등을 겪기도 한다는 점을 이해할 수 있게 한다. 궁극적으로는 세계 다른 지역에 살고 있는 사람들의 다양한 삶에 대한 공감적 이해가 우리의 글로벌 리더십 함양에 기여할 뿐만 아니라 우리 삶의 긍정적 변화와 발전의 토대가 될 수 있음을 알게 하려는 과목이다.

교육부, 2015, 174

세계지리의 성격에서 제시한 세계시민교육의 관점은 교과역량에서 구체적으로 반영되어 있다(표 10). 세계지리 과목의 교과역량은 앞에서 살펴본 세계지리의 성격과 밀접하게 연계되어 있다. 세계지리의 교과 역량은 "다양한 자연환경 및 인문환경의 특징과 이에 적응해 온 각 지역의 여러 가지 생활 모습을 파악하고, … 지구촌의 주요 현안 및 쟁점들을 탐구한다."와 "상호 협력 및 공존의 길을 모색하고 … 지역 간의 갈등 요인 및 분쟁 지역의 본질과 합리적 해결방안을 탐색한다."이다. 전자는 '체계적, 종합적 이해', '다양한 특징', '여러 가지 생활 모습', '지구촌의 주요 현안

〈표 10〉 세계지리의 교과역량

가. 세계의 자연환경 및 인문환경에 대한 체계적, 종합적 이해를 바탕으로, 다양한 자연환경 및 인문환경의 특징과 이에 적응해 온 각 지역의 여러 가지 생활 모습을 파악하고, 지역적, 국가적, 지구적 규모에서 다양하게 대두되는 지구촌의 주요 현안 및 쟁점들을 탐구한다.
다. 세계의 자연환경 및 인문환경의 공간적 다양성과 지역적 차이에 대한 공감적 이해를 통해 여러 국가나 권역 사이의 상호 협력 및 공존의 길을 모색하는 한편 지역 간의 갈등 요인 및 분쟁 지역의 본질과 합리적 해결방안을 탐색한다.

교육부, 2015, 175

및 쟁점 탐구'로 정리할 수 있는데, 이는 지리적 다양성의 이해로 압축할 수 있다. 반면에 후자는 '상호 협력', '공존', '갈등 요인', '분쟁지역의 본질', '해결방안'이 제시되고 있다. 이것은 '갈등 요인', '분쟁지역의 본질', '해결방안'을 교과역량으로 제시함으로써 세계지리 과목의 성격에서 비판적 관점을 제시하고 있다.

세계지리의 영역과 내용 요소를 살펴보면, 8영역으로 구성되어 있고 영역별로 3-5개의 내용 요소로 구성되어 있다(표 11). 8영역은 도입 1영역, 계통지리 2영역, 지역지리 4영역, 주제통합 1영역으로 구성되어 있다. 계통지리 영역은 '세계의 자연환경과 인간 생활'과 '세계의 인문환경과 인문 경관', 지역지리는 '자연환경에 적응한 생활 모습'과 '최근의 지역 쟁점'을 중심으로 구성되어 있다.

세계시민교육의 관점으로 보면, 세계지리는 다양성과 밀접한 관련이 있는 과목이다. 다양성 중에서도 문화의 다양성을 이해하고 존중하는 세계지리 영역은 특히 세계시민교육과 관련이 깊다. 이의 대표적인 영역은 '세계의 인문환경과 인문 경관'이고, 성취기준은 "세계의 주요 종교마다 공간적 전파 과정과 종교 경관의 상징성이 다르다는 점을 이해한다."(교육부, 181)이다. 이 성취기준을 달성하기 위한 교수 학습 방법 및 유의사항에서는 "주요 종교를 포함해 세계 각 지역의 다양한 문화에 대해 이해하는 것을 넘어서 학생들이 공감하고 문화다양성에 대한 소양을 기를 수 있도록 안내하여야 한다."(교육부, 183)고 강조한다.

지역지리 영역의 내용 요소에서는 '민족(인종) 및 종교적 차이', '자연환경에 적응한 생활 모습', '다양한 지역 분쟁', '지역 쟁점' 등이 다양성과 그의 쟁점을 잘 보여 주고 있다. 그리고 주제통합 영역인 '평화와 공존의 세계'의 내용 요소는 '경제의 세계화에 대응한 경제 블록의 형성, 지구적 환

영역	내용 요소
세계화와 지역 이해	• 세계화와 지역화 • 지리 정보와 공간 인식 • 세계의 지역 구분
세계의 자연환경과 인간 생활	• 열대 기후 환경 • 온대 기후 환경 • 건조 및 냉·한대 기후 환경과 지형 • 세계의 주요 대지형 • 독특하고 특수한 지형들
세계의 인문환경과 인문 경관	• 주요 종교의 전파와 종교 경관 • 세계의 인구 변천과 인구 이주 • 세계의 도시화와 세계도시체계 • 주요 식량 자원과 국제 이동 • 주요 에너지 자원과 국제 이동
몬순 아시아와 오세아니아	• 자연환경에 적응한 생활 모습 • 주요 자원의 분포 및 이동과 산업 구조 • 최근의 지역 쟁점: 민족(인종) 및 종교적 차이
건조 아시아와 북부 아프리카	• 자연환경에 적응한 생활 모습 • 주요 자원의 분포 및 이동과 산업 구조 • 최근의 지역 쟁점: 사막화의 진행
유럽과 북부 아메리카	• 주요 공업 지역의 형성과 최근 변화 • 현대 도시의 내부 구조와 특징 • 최근의 지역 쟁점: 지역의 통합과 분리 운동
사하라 이남 아프리카와 중·남부 아메리카	• 도시 구조에 나타난 도시화 과정의 특징 • 다양한 지역 분쟁과 저개발 문제 • 최근의 지역 쟁점: 자원 개발을 둘러싼 과제
평화와 공존의 세계	• 경제의 세계화에 대응한 경제 블록의 형성 • 지구적 환경 문제에 대한 국제 협력과 대처 • 세계 평화와 정의를 위한 지구촌의 노력들

경 문제에 대한 국제 협력과 대처, 세계 평화와 정의를 위한 지구촌의 노력들' 들이다. 이 중 '세계 평화와 정의를 위한 지구촌의 노력들'의 성취기준은 "세계의 평화와 정의를 위한 지구촌의 주요 노력들을 조사하고, 이

에 동참하기 위한 세계시민으로서의 바람직한 가치와 태도에 대해 토론한다."(교육부, 191)이다. 이를 통해서 보면, 세계지리 과목의 영역과 내용 요소는 세계의 다양성을 다양한 측면으로 다루고 있음을 알 수 있다. 그 다양성의 콘텐츠는 경관, 종교, 민족(인종), 생활 모습 등의 차이이다. 그래서 세계지리 과목의 세계시민교육은 다양성의 이해로 귀결되고 있음을 알 수 있다.

세계지리 과목의 영역은 4–9개의 학습 요소로 구성되어 있다(표 12). 학습 요소 중에서 세계시민교육과 관련성이 높은 학습 요소를 추출해 보면,

〈표 12〉 세계지리 과목의 영역과 학습 요소

영역	학습 요소	개수
세계화와 지역 이해	세계화, 지역화, 세계 인식, 옛 세계지도, 지리 정보 시스템, 세계의 권역	6
세계의 자연환경과 인간 생활	기후 요소, 기후 요인, 기후 지역, 기후 변화, 자연재해, 지형 형성작용, 세계의 대지형, 지속가능한 환경	8
세계의 인문환경과 인문 경관	종교 경관, 종교의 전파, 성지, 인구 변천, 인구 이주, 도시화, 세계도시체계, 식량 자원, 에너지 자원	9
몬순 아시아와 오세아니아	자연환경에 적응한 생활 모습, 자원의 분포와 이동, 국가의 산업 구조, 민족(인종)의 공간적 다양성, 종교의 공간적 다양성, 지역 분쟁	6
건조 아시아와 북부 아프리카	자연환경에 적응한 생활 모습, 화석 에너지 자원의 분포와 이동, 국가의 산업 구조, 사막화에 따른 지역 문제	4
유럽과 북부 아메리카	공업 지역, 공업 지역의 형성과 변화, 세계도시, 현대 도시의 내부 구조, 지역 통합, 지역 분리 운동	6
사하라 이남 아프리카와 중·남부 아메리카	도시화, 민족(인종)의 공간적 다양성, 종교의 공간적 다양성, 제3 세계의 도시 구조, 도시 문제, 지역 분쟁, 자원 개발과 환경 보존, 자원의 정의로운 분배	8
평화와 공존의 세계	경제의 세계화, 경제 블록, 기후 변화, 오염 물질의 국제적 이동, 세계자연유산, 세계문화유산, 국제 난민, 지역 분쟁	8

<표 13> 세계지리 과목의 분류 결과

	신자유주의적 관점	비판적 관점
학습 요소	세계화, 지속가능한 환경, 종교 경관, 종교의 전파, 인구 이주, 자연환경에 적응한 생활 모습, 민족(인종)의 공간적 다양성, 종교의 공간적 다양성, 자원 개발과 환경 보존, 국제 난민, 세계문화유산, 경제의 세계화	지역 분쟁, 사막화에 따른 지역 문제, 지역 분리 운동, 자원의 정의로운 분배

'종교 경관, 민족(인종)의 공간적 다양성, 종교의 공간적 다양성, 지역 분쟁, 자원의 성의로운 분배, 세계문화유산' 등이 대표적인 사례이다. 세계시민교육과 밀접한 관련이 있는 학습 요소를 앞의 <표 8>에서 제시한 세계시민교육의 신자유주의적 관점과 비판적 관점으로 분류하였다(표 13).

세계지리 과목의 신자유주의적 관점을 가진 학습 요소로는 자연환경에 적응한 생활 모습, 민족(인종)의 공간적 다양성, 종교의 공간적 다양성, 국제 난민, 세계문화유산 등을 들 수 있다. 이 학습 요소들은 기본적으로 세계지리의 교과 내용을 바탕으로 하고 있으며, 특히 생활양식의 차이, 다양성의 이해 중점을 두고 있다. 반면 비판적 관점을 가진 학습 요소는 지역분쟁, 지역문제, 정의로운 분배이다.

세계지역의 다양성이라는 실존 위에서 일어나는 지리적 쟁점이나 문제에 초점을 두고 있다. 예를 들어 "이 지역의 분쟁이나 저개발 문제를 식민지 경험이나 민족(인종) 및 종교 차이 등과 관련지어 추론하도록 한다."(교육부, 190) 수준으로 비판적 관점을 반영하고 있다. 하지만 지역 분쟁이나 저개발 문제 등의 근본 원인이 강대국의 식민 경험과 계층, 권력 등의 구조적 문제에서 기인하고 있음을 제시하지는 않고 있다.

이상에서 세계지리 과목을 세계시민교육의 관점으로 보면 기본적으로 신자유주의적 관점이 주를 이루고 있음을 알 수 있다. 세계지리 과목의 학습 요소는 신자유주의적 학습 요소가 비판적 관점의 학습 요소보다 양적으로 월등히 많다. 그래서 세계지리 과목은 전반적으로 신자유주의적 관점을 지향하며 비판적 관점을 보완하면서 세계시민교육을 수행하고 있다고 볼 수 있다. 이는 "세계화와 지역화의 두 흐름이 가져온 현대 세계의 공간적 다양성과 변화상을 알아보고, 세계 여러 국가와 권역에서 보이는 자연환경 및 인문환경의 특색을 파악하며, 다양한 자연환경 및 인문환경에 적응하는 과정에서 각 국가 및 권역의 사람들이 창출한 여러 가지 생활 모습, 문화 경관, 경제활동, 정주 체계, 이웃 국가나 다른 지역과의 관계, 미래의 지속가능한 발전을 위해 해결해야 할 지역적, 지구적 쟁점을 이해하는 것을 주요 내용으로"(교육부, 175) 한다는 내용 구성 지침에서도 확인할 수 있다.

2. 여행지리 과목의 분석

2015 개정 국가교육과정에 새롭게 등장한 진로 선택 과목인 여행지리는 지리교과가 추구해 온 교육목표와 여행이라는 주제를 결합시킨 과목이다(표 14).

〈표 14〉 여행지리 과목의 성격

여행지리는 지리교과가 추구해 온 지식, 기능, 가치 및 태도와 더불어 여행이라는 주제와 형식을 빌려 현재 및 미래의 직·간접적 여행자가 될 학생들에게 우리 주변, 우리나라, 다른 문화권, 전 지구의 자연환경 및 인문환경이 어떤 모습으로 존재하고 변화하는지, 그리고 그 속에서 사람들의 삶과 관계는 어떻게 존재하고 변화하고 있는지를 통합적이고 융합적으로 이해하도록 한다. 이를 바탕으로 자신과 공동체를 성찰하고 개인 및 공동체의 행복과 공정하고 평화로운 공존을 위하여 필요한 공감 능력, 탐구력, 비판적 사고력, 상상력, 소속감, 사회참여 능력, 진로 탐색 능력 등을 기르고자 한다.

교육부, 2015, 257

여행지리 과목의 성격에서 세계시민교육과 관련이 깊은 것은 "우리 주변, 우리나라, 다른 문화권, 전 지구의 자연환경 및 인문환경이 어떤 모습으로 존재하고 변화하는지, 그리고 그 속에서 사람들의 삶과 관계는 어떻게 존재하고 변화하고 있는지를 통합적이고 융합적으로 이해하도록 한다."는 점이다. 그리고 이런 이해를 토대로 공감 능력, 비판적 사고력, 사회참여 능력을 길러 개인과 공동체가 '공정하고 평화로운 공존'을 하는 사회를 지향하고 있음이 세계시민교육과 밀접한 관련이 있다.

여행지리 과목의 교과 역량에서 세계시민교육과 관련이 깊은 역량은 "국내 및 세계적으로 널리 알려진 지역별 자연환경 및 인문환경 특성과 그곳에서 살아가는 사람들의 다양한 생활 모습을 이해하고 존중·배려 그리고 소통과 공감하는 태도를 기른다."(교육부, 258)이다. 여기서 '지역별 자연환경 및 인문환경 특성', '다양한 생활 모습'은 세계의 다양성과 상호연계에 대한 이해를, 그리고 '존중·배려, 소통과 공감'은 세계시민교육의 가치·태도 목표를 잘 보여 주고 있다.

여행지리 과목의 영역과 내용 요소(표 15)를 보면, 매력적인 자연을 찾아가는 여행 영역의 '지구환경의 다양성과 지속가능성', 다채로운 문화를 찾아가는 여행 영역의 '문화지역, 세계 문화유산, 문화 전파와 변동, 촌락 여행과 도시 여행', 인류의 성찰과 공존을 위한 여행 영역의 '인류의 공존과 봉사 여행', 그리고 여행자와 여행지 주민이 모두 행복한 여행 영역의 '책임 있는 여행, 공정 여행, 대안 여행, 지속가능한 관광 개발'이 세계시민교육과 밀접한 관련이 있음을 알 수 있다.

세계시민교육과 관련이 깊은 성취기준은 '지구환경의 다양성과 지속가능성', '매력적인 자연환경', '세계 각국 다양한 문화', '축제나 문화의 성립 배경과 의미', '봉사 여행', '상호협력', '책임 있는 여행', '공정 여행', '대안

영역	내용 요소
여행을 왜, 어떻게 할까?	• 여행의 의미와 종류 • 교통수단과 여행 방식 • 지도 및 지리 정보 시스템의 활용 • 여행에 필요한 지식, 기능, 가치 및 태도 • 안전 여행
매력적인 자연을 찾아가는 여행	• 지형의 관광적 매력 • 지형과 인간 생활 • 기후의 관광적 매력 • 기후와 인간 생활 • 지구환경의 다양성과 지속가능성 • 우리나라의 자연
다채로운 문화를 찾아가는 여행	• 문화지역 • 세계 문화유산 • 문화 전파와 변동 • 촌락여행과 도시여행 • 우리나라의 문화
인류의 성찰과 공존을 위한 여행	• 산업 유산과 기념물 여행 • 인류의 공존과 봉사 여행 • 생태, 첨단, 문화 도시
여행자와 여행지 주민이 모두 행복한 여행	• 여행 산업과 지역 • 책임 있는 여행 • 공정 여행, 대안 여행 • 지속가능한 관광 개발
여행과 미래 사회 그리고 진로	• 여행 산업 • 여행 관련 직업 • 미래 세계와 여행 • 진로 탐색

여행'이다. 여행지리의 내용은 여행이라는 기본 특성상 문화상대주의를 바탕으로 타지, 타인의 삶이 가지는 다양성의 이해에 초점을 많이 두고 있다. 그리고 봉사 여행은 인류의 공존이라는 이름으로 이루어지는 시혜적 요소가 많이 있어서 온정주의의 관점을 잘 드러내고 있다.

여행지리 과목은 여행의 대상으로서 자연환경과 인문환경의 다양성을, 그리고 여행 방법으로서 책임 있는 여행, 공정 여행, 대안 여행을 강조하고 있다. 이를 세계시민교육의 측면에서 보면, 여행지리는 여행자로서 세계의 다양성 이해와 여행자로서 책임, 공정과 대안의 가치와 태도를 강조하고 있다. 여행지리는 세계시민으로서 여행을 하면서 세계 환경과 문화의 다양성을 이해하면서 여행자로서의 책무성을 강조하고 있다.

세계시민교육의 관점에서 여행지리 과목의 내용 요소를 보면, 대체로 신자유주의적 관점을 지니고 있다(표 16). 다양성을 이해하는 과정으로서 여행의 의미를 강조하고 있으며 책임감 있는 여행을 제시하고 있다. 봉사 여행, 공정 여행과 대안 여행이라는 내용 요소도 제시하고 있지만, 이 또한 기본적으로 신자유주의적 관점을 가지고 있다. 여행을 하면서 현지 주민과의 일체화를 가지는 것은 현실적으로 불가능하고, 타인과 타문화에 대한 편견 등을 갖지 않는 정도를 지향할 수밖에 없는 한계 때문이다. 이

〈표 16〉 여행지리 과목의 관점

	신자유주의적 관점
내용 요소	지구환경의 다양성과 지속가능성, 문화지역, 세계 문화유산, 문화 전파와 변동, 촌락 여행과 도시 여행, 인류의 공존과 봉사 여행, 지속 가능한 관광 개발, 책임 있는 여행, 공정 여행, 대안 여행

〈표 17〉 여행지리 과목의 교수학습방법 유의사항

- 학습 내용을 선정할 때, 사례 지역이 편중되거나 특정 가치가 편파적으로 다루어지지 않도록 공정성에 유의한다.
- 학생들이 학습 활동 중에 특정 문화나 지역, 지구촌 문제 등에 대해 왜곡, 편견, 선입견, 차별적인 모습을 보일 때는 문제 제기를 통해 해당 문제를 토론하고 공공선의 입장에서 바람직하게 해결할 수 있도록 한다.

교육부, 2015, 263

것은 교수학습방법의 유의사항에서 확인할 수 있다(표 17).

교수학습방법의 유의사항에는 세계시민교육의 요소를 가지고 있는데, 그것은 '사례 지역이 편중되거나 특정 가치가 편파적으로 다루어지지 않도록 공정성', '특정 문화나 지역, 지구촌 문제 등에 대해 왜곡, 편견, 선입견, 차별적인 모습을 보일 때는 문제 제기를 통해 해당 문제를 토론하고 공공선의 입장', 그리고 '다양한 가치 및 관점에 대한 이해와 공감 능력 및 이를 기반으로 한 바람직한 의사 결정 능력'이다. 그러나 여행지리 과목은 대체로 편견을 가지지 않고서 타문화를 소비하는 여행자로서의 입장이 주를 이루고 있다.

IV. 결론

세계시민교육은 세계화로 형성된 글로벌 사회에서 매우 중요한 교육으로 자리하고 있다. 세계시민교육의 핵심역량으로는 지식에서는 다양한 세계의 상호연계와 상호의존성에 대한 이해, 가치와 태도에서는 감정이입을 통한 공감 능력, 그리고 기능에서는 비판적이며 창의적 사고, 의사소통, 참여 능력을 요청하고 있다. 세계시민교육의 핵심역량을 실현하기 위하여 세계시민교육은 신자유주의적 관점과 비판적 관점으로 접근하고 있다. 신자유주의적 관점은 상호의존, 다양성, 공감 등의 주요 용어를 사용하고 차이의 이해와 존중을 강조한다. 반면 비판적 관점은 사회정의, 공정성, 인권, 비판 등의 주요 용어를 사용하고 차별의 원인과 해결을 위한 구조적 측면의 분석을 강조한다.

본 장에서는 세계시민교육의 신자유주의적 관점과 비판적 관점으로 세계지리와 여행지리 과목을 분석하였다. 2015 개정 교육과정에서 세계지리와 여행지리 과목은 고등학교에서 세계시민교육을 적극적으로 수행할 가능성이 높은 과목이다. 두 과목은 세계시민교육에서 매우 중요하게 다루는 다양성의 이해를 주요 학습 내용으로 담고 있다. 두 과목은 다양성을 문화다양성을 넘어 자연환경의 다양성까지 다루고 있어서 다양성의 지경을 확장해 주고 있는 장점을 가지고 있다. 타문화와 타환경의 다양성의 이해를 강조하고 있는 세계지리와 여행지리 과목은 내용면에서 신자유주의적 관점을 가지고서 세계시민교육의 콘텐츠를 풍부하게 제공하고 있다. 즉 경관, 문화지역, 종교, 문화유산, 지속가능성, 책임 있는 여행, 공정 여행, 대안 여행 등을 강조하고 있다.

반면 세계지리 과목은 지역 분쟁, 사막화에 따른 지역 문제, 지역 분리운동, 자원의 정의로운 분배 등의 비판적 관점도 담고 있다. 세계시민교육의 비판적 관점은 세계지리에서 분쟁, 지역문제, 분리, 분배를 구조적 측면에서의 비판적인 이해를 강조하면서, 이의 해결방안으로 정의의 실현을 제시하고 있다. 여행지리에서는 여행의 불공정과 부정의도 살펴보도록 유도하고 여행자의 책무성, 공정과 대안을 강조하지만 여행의 특성상 신자유주의적 관점을 벗어나지 못하고 있다.

세계지리와 여행지리 과목은 다양성의 이해를 교과서의 주요 내용으로 제시하고 있다. 이는 학교 수업에서 세계시민교육을 위한 중요한 콘텐츠를 제공하고 있다. 지리 과목은 타자의 입장에서 다양성을 관조하게 만들거나 지나치게 객관화함으로써 다양한 경관, 문화, 환경, 지역문제, 여행 등에 대한 심층적이고 구조적, 비판적 이해를 소홀히 하게 만들 수도 있다. 이것은 지리과목이 신자유주의적 관점을 주로 다루지만 비판적 관점도 함께 다룰 필요가 있음을 말해 준다. 다양한 경관, 문화, 환경, 지역문제, 여행 등에 숨어 있는 구조적, 정치경제적 측면, 역사적 배경 등을 비판적으로 살펴볼 때 문화의 다양성을 보다 제대로 그리고 심층적으로 이해할 수 있다. 정의, 비판, 구조 등의 비판적 관점과 함께 지리적 현상의 다양성을 이해할 수 있도록 할 필요가 있다.

세계지리와 여행지리 과목은 세계시민교육의 신자유주의적 관점이 주를 이루고 있고, 세계시민교육의 비판적 관점은 비중이 낮은 편이다. 특히 여행지리 과목에서는 과목 특성상 신자유주의적 관점이 거의 전부를 이루고 있다. 그래서 지리과목은 신자유주의적 관점을 기본 토대로 하면서 비판적 관점을 보완할 필요가 있다. 지리교과는 비판적 관점을 과목의 내용을 중심으로 제시하기보다는 교사의 수업방법 측면에 비중을 두고 있는 것으로 판단된다. 교사가 지리교육과정을 비판적 관점을 보완하여 재구성하고 수업활동을 구안하길 바라고 있다. 그래서 세계지리와 여행지리 과목은 세계시민교육의 비판적 관점을 지리교사의 실천에 초점을 맞추고 있다. 비판적 관점에서의 세계지리 내용의 재구성 방안(한희경, 2011), 지리교육과정의 재개념화(김갑철, 2016), 정의로운 지리교육과정 구성하기(김갑철, 2016) 등이 대표적인 사례들이다. 그리고 비판적 시민성교육의 관점에서 본 커피와 공정무역(최정숙, 조철기, 2009), 공정무역과 윤리적 소비(조철기, 2013; 김병연, 2013) 등이 그것이다.

지리교과에서 세계시민교육은 지리적 현상의 다양성에 대한 이해를 바탕으로 다양성의 이면에 존재하는 구조적, 비판적 측면을 바라볼 수 있도록 강조할 필요가 있다. 지리교과는 신자유주의적 관점과 비판적 관점을 균형 있게 콘텐츠를 구성하여 역량 있는 세계시민을 육성하는 데 기여해야 한다. 이를 위해서 지리교사는 비판적으로 지리교육과정을 재개념화하고 지리교과서의 내용을 재구성하여 학생들이 일상의 삶 속에서 세계

다양성의 이해와 세계 쟁점에의 비판적 참여를 할 수 있도록 변혁적 학습을 지향할 필요가 있다.

참고문헌

강순원, 김현덕, 이경한, 김다원, 2017, 국제이해교육의 변천과정에 관한 교육사회사적 연구, **교육학연구** 55(3), 한국교육학회, 287-314.

고미나, 조철기, 2010, 영국에서 글로벌 학습을 위한 개발교육의 지원과 지리교육, **한국지리환경교육학회지** 18(2), 155-171.

교육부, 2015, **사회과교육과정**, 교육부.

김갑철, 2016, 세계 시민성 함양을 위한 지리교육과정의 재개념화, **대한지리학회지** 51(3), 455-472.

김갑철, 2017, 세계지리 교과서의 '이주' 다시 읽기: 정의로운 글로벌 시민성을 향하여, **한국지리환경교육학회지** 25(3), 123-138.

김다원, 2016, 세계시민교육에서 지리교육의 역할과 기여, **한국지리환경교육학회지** 24(4), 13-28.

김병연, 2013, 윤리적 소비의 세계에서 비판적 지리교육-'공정무역'을 통한 윤리적 시민성 함양?-, **한국지리환경교육학회지** 21(3), 129-145.

노혜정, 2008, 세계 시민 교육의 관점에서 세계 지리 교과서 다시 읽기, **대한지리학회지** 43(1), 154-169.

박선희, 2009, 다문화사회에서 세계시민성과 지역 정체성의 지리교육적 함의, **한국지역지리학회지** 15(4), 478-493.

유네스코, 2015, **세계시민교육: 학습주제 및 학습목표**, 유네스코 아시아태평양 국제이해교육원.

유네스코, 유네스코 아시아태평양 국제이해교육원 역, 2014, **글로벌 시민교육: 21세기 새로운 인재 기르기**, 유네스코 아시아태평양 국제이해교육원.

유네스코 아시아태평양 국제이해교육원, 2015, **유네스코가 권장하는 세계시민교육 교수학습 길라잡이**, 유네스코 아시아태평양 국제이해교육원.

유네스코 아시아태평양 국제이해교육원, 2017, **세계시민교육 정책 개발을 위한 가이드**, 유네스코 아시아태평양 국제이해교육원.

이경한, 2015, 유네스코 세계시민교육과 세계지리의 연계성 분석, **국제이해교육연구** 10(2), 45-76.

이경한, 2018, 세계시민교육의 관점에서 세계지리와 여행지리 교육과정의 비판적 분석, **국제이해교육연구** 13(2), 한국국제이해교육학회, 39-75.

이경한, 김현덕, 강순원, 김다원, 2017, 국제이해교육 관련 개념 분석을 통한 21세기 국제이해교육의 지향성에 관한 연구, **국제이해교육연구** 12(1), 1-48.

이동민, 2014, 초등지리 교육과정에 반영된 세계시민교육 관련 요소의 구조적 특성에 관한 연구, **대한지리학회지** 49(6), 949-969.

이동민, 고아라, 2015, 중등 지리 교육과정에 반영된 세계시민교육 관련 요소의 구조적 특성에 관한 연구, **사회과교육** 54(3), 1-19.

이태주, 김다원, 2010, 지리교육에서 세계시민의식 함양을 위한 개발교육의 방향 연구, **대한지리학회지** 45(2), 293-317.

장의선, 이화진, 박주현, 강민경, 설규주, 2015, **글로벌 시티즌십 함양을 위한 교과별 교사학습 지원 방안: 중학교 국어과와 사회과를 중심으로**, 한국교육과정평가원 (RRI 2015-4).

조철기, 2005, 지리교과를 통한 시민성 교육의 내재적 정당화, **대한지리학회지** 40(4), 454-472.

조철기, 2013, 글로벌 시민성교육과 지리교육의 관계, **한국지역지리학회지** 19(1), 162-180.

최정숙, 조철기, 2009, 지리를 통한 세계시민성교육의 전략 및 효과 분석-커피와 공정무역을 사례로-, **한국지리환경교육학회지** 17(3), 239-257.

최종덕, 2014, 글로벌 시민교육의 쟁점과 과제, **한국사회과교육학회 연차학술대회자료집**, 101-117.

한경구, 김종훈, 이규영, 조대훈, 2015, **SDGs 시대의 세계시민교육 추진 방안**, 유네스코 아시아태평양 국제이해교육원.

한희경, 2011, 비판적 세계 시민성 함양을 위한 세계지리 내용의 재구성 방안-사고의 매개로서 '경계 지역'과 지중해 지역의 사례-, **한국지리환경교육학회지** 19(2), 123-141.

Andreotti, V., 2006, Soft versus Critical Global Citizenship Education, *Policy and Practice: A Development Educational Review*, 40-51.

Cabrera, L., 2010, *The Practice of Global Citizenship*, Cambridge University Press.

Oxfam, 1997, *A Curriculum for Global Citizenship,* Oxfam.

Oxfam, 2015, *Global Citizenship in the Classroom: A Guide for Teachers,* Oxfam

Pashby, K., Andreotti, V. O., 2015, Critical Global Citizenship in Theory and Practice, Harshman, J., Augustine, T., Merryfield, M.,(eds.), 2015, *Research in Global Citizenship Education,* Information Age Publishing.

Standish, A., 2013, What does Geography Contribute to Global Learning?, David Lambert, Mark Jones, 2013, *Debates in Geography Education,* 244-256, Routledge.

Wintersteiner, W., Grobbauer, H., Diendorfer, G., Reitmair-Juarez, S., 2015, *Global Citizenship Education: Citizenship Education for Globalizing Societies,* Zentrum für Frieddenforschung und Friedenspädagogik.

5장

초등 사회교과서 내의
지속가능발전 교육내용 비판적 분석

I. 서론

우리 사회는 글로벌 세계가 되면서 기후변화의 위기, 지나친 환경개발, 경제적 그리고 사회적 불평등 심화 등을 겪고 있다. 지구촌 사회의 주체로 살아가는 세계시민으로서, 우리는 이런 문제들에 대해서 관심을 갖고 이 문제의 해결에 참여할 필요가 있다. 유엔은 이런 글로벌 문제를 해결하고자 다양한 노력을 경주하고 있다. 그 결과, 유엔은 2015년에 지속가능발전목표(Sustainable Development Goals, SDGs)에 대한 선언문을 채택하였다. 국제기구, 국가, 비정부기구 등은 SDGs를 토대로 지구촌의 글로벌 문제를 해결하고, 더 나아가 더불어 사는 조화로운 세계를 만들고자 동참하여 노력하고 있다.

또한 각 국가에서는 SDGs를 국가 교육과정에 반영하고자 노력하고 있다. 일선학교에서는 교과 혹은 범교과 활동을 통하여 학생들에게 SDGs

를 가르침으로써 학생들이 지구촌 사회의 일원으로서 주체적으로 글로벌 세계를 만들어 가도록 이끌어 가고 있다. 하지만 유엔이 추구하는 SDGs가 국가교육과정과 교과서에 어떻게 반영되어 있는가를 분석할 필요가 있다. 특히 SDGs를 많이 반영하고 있는 사회교과서의 내용을 비판적으로 살펴보는 것은 매우 의미가 있을 것으로 사료된다. 이것은 사회교과가 SDGs를 제대로 반영하여 이를 학생들에게 보다 잘 가르칠 수 있는 지혜를 줄 것이다. 학교교육의 기초인 초등학교는 SDGs를 교육하는 데 기초직인 방향을 제시하여 줄 수 있다. 그래서 초등학교 사회교과에서 SDGs가 교과서에 어떤 내용으로 구성되어 학생들에게 가르쳐지고 있는가를 살펴보는 것은 매우 중요한 의미가 있다. 초등학생은 사고력의 발달이 급속도로 이루어지고 가치 체계를 확립하는 시기이기에, 이 시기 SDGs의 교육은 학생들의 성장뿐만 아니라 성장 이후에도 지대한 영향을 미칠 것이기 때문이다.

사회과교육에서 SDGs에 대한 연구는 주로 사회과 교육과정과 사회교과서에서의 SDGs(김영하, 최도성, 2016) 또는 지속가능발전교육(Education for Sustainable Development, ESD)의 반영 정도에 대한 고찰이 중심을 이루고 있다. 그리고 SDGs 또는 ESD의 연구경향에 관한 연구(김찬국, 2017)도 있다. 이 연구들은 초등학교와 중등학교 사회과에 SDGs와 ESD가 어떻게 그리고 어느 정도 반영되고 있는가를 분석한 연구들이 주류를 이루고 있다. 사회과교육에서는 SDGs와 ESD를 엄격히 구별하지 않고서 혼용하며 연구를 실행하는 경향을 보이기도 했다. SDGs를 실현하기 위한 모든 교육을 ESD인데, 이 둘이 가진 용어의 유사성으로 자주 혼용되고 있는 것으로 보인다. 그리고 김다원(2020)를 제외한 SDGs 또는 ESD 분야의 많은 연구들이 2015 개정 이전의 사회과 교육과정과 사회교과서, 지리교과서, 범교과 활동 등을 대상으로 행해졌다.

이를 통해서 볼 때, 현행 2015 개정 사회과 교육과정과 초등 사회교과서에 반영된 SDGs와 ESD를 살펴볼 필요가 있다. 현행 교육과정을 대상으로 한 SDGs 또는 ESD의 분석이 사회과에서 실질적으로 도움이 되기 위해서는 사회과의 교육목표, 교육내용, 교육방법 등의 측면에서 사회교과서에의 SDGs의 반영 정도를 살펴보는 것뿐만 아니라, 사회교과서 내의 SDGs를 학생들의 이해 수준, 지배적인 관점 등의 기준으로도 분석할 필요가 있다.

그래서 본 장에서는 초등학교 사회교과서 안의 SDGs의 교육내용을 비판적으로 살펴보고, 그 내용이 가지고 있는 문제점과 이에 대한 해결방안을 논의하고자 한다. 이를 위하여, 먼저 SDGs에 대해서 살펴보고, 2015 개정 사회과 교육과정과 초등 사회교과서에 반영된 SDGs의 내용을 비판적으로 분석하고자 한다. 이를 위한 분석 기준은 지속가능발전의 용어와 정의, SDGs와 사회교과서 사이의 괴리, 교과서 안의 SDGs가 지닌 주요 관점과 학생의 이해 수준이다. 그리고 사회과 교육과정과 사회교과서를 분석한 결과를 토대로 초등학교 사회교과서에서 SDGs를 다루는 데 있어서 개선방향과 대안을 논의하고자 한다.

II. 지속가능발전, 지속가능발전목표와 지속가능발전교육에 대한 이해

여기서는 지속가능발전, 지속가능발전목표와 지속가능발전교육이 유엔의 노력으로 어떻게 전개되어 왔는가를 살펴보고자 한다. 이들 용어의 유사성으로 인하여 많이 혼돈하여 사용하기도 한다. 이 용어들이 형성되기까지의 배경과 과정을 중심으로 살펴보고자 한다.

먼저, 지속가능발전 개념의 발달과정을 살펴보고자 한다(표 1). 1983년에 유엔이 설립한 환경과 개발에 관한 세계위원회(WCED)는 1987년에 '우리 공동의 미래(Our Common Future)'라는 보고서에서 지속가능발전(Sustainable Development, SD) 개념을 처음으로 사용하였다. 노르웨이 수상의 이름을 딴 브룬트란트 보고서라고로도 불리는 이 보고서에서는 지속가능발전을 '미래세대가 자신늘의 필요를 충족시킬 수 있는 능력을 훼손하지 않으면서 현세대의 필요를 충족시키는 발전'(WCED, 1987, 41)이라고 정의하였다. 지속가능발전은 기본적으로 상호 양립하기 어려운 지속가능성과 발전이라는 개념의 조합이다. 지속가능성은 경제적, 사회적, 문화적, 생태학적 지속가능성의 의미를 담고 있다. 그리고 발전은 지속가능성의 조건을 만족시키면서 이루어져야 함을 강조하고 있다(이경한, 2016, 203).

지속가능발전 개념은 1992년에 유엔환경발전회의(UNCED)가 인간의 삶을 개선하면서 환경을 보호하는 지속가능발전을 위한 글로벌 연대의 구축을 강조한 의제 21(Agenda 21)로 발전하였다. 이 의제의 원칙 9, 원칙 10은 지속가능발전에서 교육의 중요성을 강조하고 있다. 2002년 요하네스버그의 지속가능발전 선언과 이행 방안은 다자간 협력의 강조를 포함한 의제 21과 새천년 선언을 기반으로 하여 빈곤 퇴치와 환경에 대한 글로벌 사회의 약속을 강조하였다. 2012년 유엔 지속가능발전 회의(Rio+20)는 지속가능발전에 관한 유엔 고위급 정치 포럼을 창립하고, '우리가 원하는 세계'라는 문서를 채택하였다. 더 나아가 2013년 유엔 총회에서 SDGs의 제안서를 개발하기 위하여 30명의 워킹 그룹을 구성하였다. 그리고

〈표 1〉 지속가능발전 관련 회의

연도	회의	주요 내용
1987	환경과 개발에 관한 세계위원회(WCED)	• '우리 공동의 미래'(브룬트란트 보고서) 발표 • 지속가능성을 공론화하고 지속가능성 개념을 확대함
1992	유엔환경발전회의 (UNCED)	• 의제 21(Agenda 21) • 인간의 삶을 개선하면서 환경을 보호하는 지속가능발 전을 위한 글로벌 연대 구축
2000	새천년선언 (the Millennium Declaration)	• 2015년까지 극심한 빈곤을 감소시키기 위하여 8개의 새천년개발목표(MDGs) 선언
2002	요하네스버그의 지속가능발전 선언과 이행 계획	• 다자간 협력의 강조를 포함한 의제 21과 새천년선언을 기반으로 한, 빈곤 퇴치와 환경에 대한 글로벌 사회의 약속
2012	유엔 지속가능발전 회의(Rio+20)	• 지속가능발전에 관한 유엔 고위급 정치 포럼을 창립 하고, 새천년개발목표를 토대로 구축한 SDGs를 개발 하는 과정에서 시작한 '우리가 원하는 세계' 문서 채택
2013	유엔 총회	• SDGs의 제안서를 개발하기 위한 30명의 공개 작업 그룹(Open Working Group) 설치
2015	유엔 지속가능발전 정상회의	• 17개 목표를 가진 지속가능발전을 위한 의제 2030 (the 2030 Agenda for Sustainable Development) 채택
2015	파리 협약	• 기후변화에 관한 파리 협약

2015년 유엔 지속가능발전 정상회의에서 17개의 SDGs를 가진 '지속가능발전을 위한 의제 2030(The 2030 Agenda for Sustainable Development)'을 채택하였다. 유엔 회원국들이 채택한 지속가능발전을 위한 의제 2030은 사람과 현재이자 미래인 지구의 평화와 번영을 위해 공유할 청사진을 제시하였다. 이의 핵심 내용은 글로벌 협력사회에서 개발국이든 개발도상국이든, 모든 회원국들이 긴급히 실행을 할 필요가 있는 17개 목표들의 제시이다. 유엔 회원국들이 기후변화를 방지하고 바다와 산림의 보호에

<table>
<tr><td colspan="2" align="center">〈표 2〉 지속가능발전목표의 특성</td></tr>
</table>

분류	내용
범위	지속가능발전(경제, 사회, 환경 포함)
달성 주제	모든 형태 빈곤과 불평등 감소
달성 대상 국가	개발도상국과 선진국 공통의 문제
재원 마련	국내 공공재원(세금), ODA, 민간재원(무역, 투자) 등 다양
감시와 모니터링	유엔이 주도하여 각 국가의 보고를 권고함

힘쓰면서, 건강과 교육을 개선하고, 불평등을 감소시키고, 경제성장을 도모하여 빈곤과 다양한 결핍을 송식시켜야 한다[1]고 강조하였다.

　다음으로 SDGs는 2012년 브라질 리우데자네이루에서 열린 유엔 지속가능발전 정상회의 이후 유엔 회원국을 포함하여 전 세계 수백만 명의 사람들과 수천 명의 활동가들이 참여하여 국가별 조사로 3년에 걸친 과정을 통해 개발되었다(유네스코 한국위원회, 2019, 6). SDGs의 목적은 현재와 미래의 모든 사람들을 위해 지구상에 지속가능하며 평화롭고 번영하며 평등한 삶을 보장하는 것이다(유네스코 한국위원회, 2019, 6). SDGs는 새천년개발목표를 진일보시킨 것이다. 새천년개발목표는 주로 사회발전, 극심한 빈곤문제, 개발도상국을 중심으로 시행되었으나, SDGs는 경제, 사회, 환경을 포함한 발전, 모든 형태의 빈곤과 불평등 감소, 개발도상국과 선진국 모두를 중심으로 추진하고 있다(표 2).

　SDGs는 17개 목표(표 3), 169개 세부목표와 지표로 구성되어 있다. SDGs의 17개 목표는 '사회발전', '경제성장', '환경보존'의 세 가지 축을 기반으로 하고 있다. 사회발전 영역의 목표들은 빈곤 퇴치, 불평등 해소와 인간의 존엄성 회복에 초점을 두고 있으며, 목표 1-6이 여기에 속한

---

1. https://sdgs.un.org/goals

132　　　　　　　　　　　　　　　세계시민교육과 지리교육

〈표 3〉 지속가능발전목표

번호	목표	내용
1	빈곤 종식	모든 곳에서 모든 형태의 빈곤 종식
2	기아 종식	기아 해결, 식량 안보와 영양 상태 개선 달성, 지속가능한 농업 증진
3	건강과 복지	모두를 위한 전 연령층의 건강한 삶 보장과 복지 증진
4	양질의 교육	모두를 위한 포용적이고 공평한 양질의 교육 보장 및 평생 학습 기회 증진
5	성평등	성평등 달성 및 모든 여성과 여아의 권한 강화
6	깨끗한 물과 위생	모두를 위한 물과 위생시설의 이용가능성 및 지속가능한 관리 보장
7	적정 가격의 깨끗한 에너지	모두를 위한 적정 가격의 신뢰할 수 있고 지속가능하며 깨끗한 에너지 접근의 보장
8	양질의 일자리와 경제 성장	모두를 위한 지속적이고 포용적이며 지속가능한 경제성장과 완전하고 생산적인 고용 및 양질의 일자리 증진
9	산업, 혁신과 인프라	회복력 있는 인프라 구축, 포용적이고 지속가능한 산업화 증진 및 혁신 촉진
10	불평등 감소	국내 및 국가 간 불평등 감소
11	지속가능한 도시와 지역사회	포용적이고 안전하며 회복력 있는 지속가능한 도시와 거주지 조성
12	책임감 있는 소비와 생산	지속가능한 소비와 생산 양식 보장
13	기후변화 대응	기후변화와 그 영향에 대응하는 긴급 행동
14	해양 생태계	지속가능발전을 위한 대양, 바다, 해양 자원의 보전 및 지속가능한 이용
15	육상 생태계	육상 생태계의 보호, 복원 및 지속가능한 이용 증진, 지속가능한 삼림 관리, 사막화 방지, 토지 황폐화 중지 및 복구, 생물 다양성 손실 중단
16	평화, 정의, 강력한 제도	지속가능발전을 위한 평화롭고 포용적인 사회 증진, 모두를 위한 정의에 대한 접근성 제공, 모든 수준에서 효과적이고 책무성 있는 포용적인 제도 구축
17	지속가능발전목표를 위한 파트너십	지속가능발전을 위한 이행수단 강화 맞 글로벌 파트너십 활성화

다. 경제성장 영역의 목표는 무분별한 개발을 통한 경제 성장의 지양, 양질의 일자리를 통한 적절한 수준의 생계유지와 포용적인 경제 환경 구축에 초점을 두고 있다. 여기에는 목표 8~11이 속한다. 그리고 환경보존 영역의 목표들은 생태계를 보호하고 지속 가능한 지구를 만들기 위한 목표를 가지고 있으며, 목표 7, 12~15가 여기에 속한다. 또한 목표 16(평화, 정의, 강력한 제도)과 17(SDGs를 위한 파트너십)은 목표 1에서 15까지를 달성하기 위한 조건과 방법을 담고 있다.

SDGs의 17개 목표들은 필요에 따라서 재분류되기도 한다. 그중 하나는 SDGs를 6분야로의 분류가 있다. 즉, 교육, 젠더와 불평등(목표 1, 5, 7~10, 12~15, 17), 건강, 웰빙과 인구(목표 1~5, 8, 10), 에너지의 탈탄소화와 지속가능산업(목표 1~16), 지속가능한 음식, 토지, 물과 바다(목표 1~3, 5, 6, 8, 10~15), 지속가능도시와 지역사회(목표 1~16), 그리고 지속가능발전을 위한 디지털 혁명(목표 1~4, 7~13, 17)(Sustainable Development Solutions Network, 2019, 3)이 그것이다. 또한 SDGs를 의제 2030의 기본정신인 사람(People), 번영(Prosperity), 환경(Planet), 평화(Peace), 파트너십(Partnership)(UN General Assembly, 2015, 2)을 중심으로 분류하기도 한다. 사람은 사회발전(목표 1~6), 번영은 경제발전(목표 8~11), 환경은 지구환경보호(목표 7, 12~14)이고, 평화(목표 16)와 파트너십(목표 17)은 전제조건과 방법이다.

전체적으로 SDGs는 인류의 생존에 중요한 전 지구적 과제를 포함하고 있고, 빈곤 퇴치와 경제 발전 전략이 함께 진행되어야 한다는 점을 강조하고 있고, 불평등, 지속가능하지 않은 소비 양식, 열악한 제도적 역량, 환경 악화와 같은 지속가능발전을 저해하는 중요한 제도적 장애물을 다루고 있다(유네스코 한국위원회, 2019, 7).

다음으로 지속가능발전교육(Education for Sustainable Development, ESD)은 SDGs의 세부목표 4.7, 즉 "2030년까지 모든 학습자들이 지속가능발전 및 지속가능 생활방식, 인권, 성평등, 평화와 비폭력 문화 증진, 세계시민의식, 문화다양성 및 지속가능발전을 위한 문화의 기여 등에 대한 교육을 통해 지속가능발전을 증진하기 위해 필요한 지식 및 기술 습득을 보장한다."(유네스코 한국위원회, 2019, 8)에서 그 근거를 찾을 수 있다. 이를 근거로 한 ESD는 모든 개인이 SDGs가 무엇인지 이해하고, 정보를 지닌 시민으로서 참여해 변화를 일으키기 위해 그들에게 필요한 지식과 역량을 갖춤으로써 SDGs 달성에 기여할 수 있도록 한다(유네스코 한국위원회, 8). 여기서 ESD는 지속가능발전을 위한 교육내용이자 교육목표임을 볼 수 있다. 이는 지속가능발전이 추구하는 정신을 범교과적이고 통합적으로 가르치는 데 직접적인 목표가 있고, 이런 교육을 받음으로써 우리 사회의 구성원이 보다 사회적, 경제적 그리고 생태적으로 지속가능한 미래를 건설하는 데 기여하도록 하고 있다. 그래서 ESD는 지속가능발전의 이념, 가치, 실제를 교육과 학습의 모든 측면과 통합하고자 하는 것으로, 모든 개인이 인도적이고, 사회적으로 정의롭고, 경제적으로 성장 가능하며, 생태적으로 지속가능한 미래에 기여할 수 있도록 가치, 능력, 지식, 기능 등을 습득할 기회를 제공하고자 한다(이선경, 2015, 22). 그 결과, ESD는 SDGs와 관련된 지속가능성이 가진 핵심역량을 범분야(cross-cutting)에서 개발하고자 한다. 그 지속가능성의 핵심역량(유네스코 한국위원회, 10)은 시스템 사고 역량, 예측 역량, 규범적 역량, 전략적 역량, 협력 역량, 비판적 사고 역량, 자아 인식 역량과 통합적 문제해결 역량이다(표 4).

ESD는 지속가능성의 핵심역량을 개발하기 위하여 교육목표를 인지적 영역, 사회-정서적 영역과 행동적 영역으로 제시하였다(유네스코 한국위

〈표 4〉 지속가능성의 핵심역량

역량	설명
시스템 사고 역량 (systems thinking competency)	관계를 인지하고 이해하는 능력, 복잡한 시스템을 분석하는 능력, 시스템들이 어떻게 다양한 영역 및 척도 안에 내재되어 있는지 생각하는 능력, 불확실성에 대처하는 능력
예측 역량 (anticipatory competency)	가능한 미래, 개연성이 있는 미래, 바람직한 미래 등 다양한 미래를 이해하고 평가하는 능력, 미래에 대한 자신의 비전을 창조하는 능력, 예방 원칙을 적용하는 능력, 행동의 결과를 평가하는 능력, 위험과 변화에 대처하는 능력
규범적 역량 (normative competency)	자신의 행동에 기조가 되는 규범과 가치를 이해하고 성찰하는 능력, 이해 충돌과 절충, 불확실한 지식 및 모순의 맥락에서 지속가능성의 가치, 원칙, 목표 및 세부목표를 조율하는 능력
전략적 역량 (strategic competency)	지역 수준 및 더 넓은 수준에서 지속가능성을 증진시키는 혁신적인 행동을 집단적으로 개발하고 이행하는 능력
협력 역량 (collaboration competency)	타인으로부터 배우는 능력, 타인의 필요, 관점 및 행동을 이해하고 존중하는 능력(공감), 타인을 이해하고 관계를 맺으며 민감하게 반응하는 능력(공감적 리더십), 집단 내 갈등에 대처하는 능력, 협력적이고 참여적인 문제해결을 용이하게 하는 능력
비판적 사고 역량 (critical thinking competency)	규범, 관행 및 의견에 의문을 제기하는 능력, 자기 자신의 가치, 인식 및 행동을 성찰하는 능력, 지속가능성 담론에서 자신의 입장을 취하는 능력
자아 인식 역량 (self-awareness competency)	지역사회 및 (글로벌) 사회에서 자신의 역할을 성찰하는 능력, 자신의 행동을 지속적으로 평가하고 동기 부여를 하는 능력, 자신의 감정과 욕구에 대처하는 능력
통합적 문제해결 역량 (integrated problem -solving competency)	복잡한 지속가능성 문제에 다양한 문제해결의 틀을 적용하고, 위에서 언급한 역량들을 통합해 지속가능발전을 촉진하는 실행 가능하고, 포용적이며, 공평한 해결책을 개발할 수 있는 가장 중요한 능력

원회, 11). 인지적 영역은 SDG와 그 달성에 따른 도전과제를 이해하는 데 필요한 지식과 사고력을, 사회-정서적 영역은 학습자가 스스로를 개발시킬 수 있는 자아 성찰 능력, 가치, 태도, 동기부여뿐만 아니라, SDGs 중

진을 위해 협력, 협상, 소통을 할 수 있도록 하는 사회적 기술을, 그리고 행동적 영역은 행동 역량을 말한다.

이를 통해서 볼 때, 지속가능발전은 우리가 추구하고자하는 지속가능한 미래사회를 실현하려는 궁극적인 목적이자 의제이고, SDGs는 지속가능발전을 담은 교육 콘텐츠이자 구체적인 교육목표라고 볼 수 있다. ESD는 SDGs를 교육 콘텐츠로 해서 학교 안팎의 교육을 통하여 사회구성원의 지속가능발전 역량을 계발하고자 하는 모든 교육이라고 볼 수 있다. 그리고 학교교육에서는 SDGs를 다루는 대표적인 과목인 사회과는 교육과정과 교과서를 통하여 SDGs를 가르쳐서 학생들의 지속가능발전 역량을 기르고자 한다. 더 나아가 학교 밖에서는 평생교육 차원에서도 SDGs를 교육하고 있다. 이처럼 학교교육의 안팎에서 행해지는 지속가능발전과 관련된 모든 교육을 ESD이라고 볼 수 있다.

III. 초등 사회과 교육과정과 교과서 안의 지속가능발전 관련 내용의 분석

1. 사회과 교육과정 속의 지속가능발전 관련 내용

2015 개정 초등 사회과 교육과정에서는 지속가능발전에 관한 내용을 5-6학년 (8) 통일 한국의 미래와 지구촌의 평화의 '지속가능한 지구촌'에서 다루고 있다(표 5). 본 단원에서 지속가능발전에 관한 성취기준은 "지속가능한 미래를 건설하기 위한 과제(친환경적 생산과 소비 방식 확산, 빈곤과 기아 퇴치, 문화적 편견과 차별 해소 등)를 조사하고, 세계시민으로서 이

> [6사08-05] 지구촌의 주요 환경문제를 조사하여 해결방안을 탐색하고, 환경문제
> 해결에 협력하는 세계시민의 자세를 기른다.
> [6사08-06] 지속가능한 미래를 건설하기 위한 과제(친환경적 생산과 소비 방식 확
> 산, 빈곤과 기아 퇴치, 문화적 편견과 차별 해소 등)를 조사하고, 세계시민으로서
> 이에 적극 참여하는 방안을 모색한다.

(가) 학습 요소
　지구촌 환경문제, 지속가능한 미래, 세계시민의 자세

에 적극 참여하는 방안을 모색한다."(교육부, 2015, 58)이다. 학습 요소로
는 '지구촌 환경문제, 지속가능한 미래, 세계시민의 자세'로 제시하고 있
다(표 5). 초등 사회과 교육과정의 '지속가능한 지구촌'의 성취기준과 학습
요소는 SDGs의 '사회발전', '경제성장', '환경보존' 영역을 반영하고 있다.
이 단원은 '지속가능한 미래를 건설하기 위한 방안을 탐색하고 이를 실천
할 수 있는 세계시민의 자세를 기르는 데 주안점을'(교육부, 59) 두고 있다.
그래서 본 단원은 전지구적 관점으로 지속가능한 미래를 건설하기 위한
노력을 펼치고, 이의 해결방안을 찾아서 세계시민으로서 책무성을 기르
는 데 목표를 두고 있다.

　사회과 교육과정에서는 '지속가능한 지구촌' 단원의 교수학습방법 및
유의사항(교육부, 59)을 제시하고 있다(표 6).

　본 단원은 '지구촌의 지속가능한 발전을 위한 과제(친환경적 생산과 소비
방식 확산, 빈곤과 기아 퇴치, 문화적 편견과 차별 해소 등)를 찾아보고'와 '실천
할 수 있는 방안을 찾아서 일상생활에서 실천하도록 유도한다'의 두 축으
로 구성되어 있다. 이것은 본 단원이 '전지구적으로 사고하고, 지역적으
로 행동하라'는 정신에 기초를 두고 있음을 보여 준다. 그래서 본 단원에

〈표 6〉 '지속가능한 지구촌' 단원의 교수학습방법 및 유의사항

지구촌의 지속가능한 발전을 위한 과제(친환경적 생산과 소비 방식 확산, 빈곤과 기아 퇴치, 문화적 편견과 차별 해소 등)를 찾아보고, 해결할 수 있는 다양한 방안을 탐색해 보도록 한다.

지구촌 환경문제 해결과 지속가능한 발전을 위해서 실천할 수 있는 방안을 찾아서 일상생활에서 실천하도록 유도한다.

서는 지속가능발전을 글로벌(global) 축과 로컬(local) 축으로 교육하길 원하고 있음을 볼 수 있다. 이것은 "체크리스트법을 활용하여 우리가 살아가고 있는 지구촌의 지속가능한 발전을 위해 일상생활 속에서 실천할 수 있는 일들의 목록을 작성해 보고, 이를 얼마나 실천하고 있는지 자기 평가하도록 한다."(교육부, 59)라는 평가방법에서도 확인할 수 있다.

2. 초등 사회교과서 속의 지속가능발전 관련 내용

초등 사회교과서에서는 '지속가능한 지구촌' 단원의 교육 내용을 6차시로 구성하고 있다. 이 중에서 1, 2차시는 지구촌 환경문제를, 3, 4, 5차시는 지속가능발전을, 그리고 6차시는 세계시민을 다루고 있다(표 7). 그리고 본 단원의 마무리인 '사고력 쑥쑥'에서는 SDGs 17개 목표를 소개하고

〈표 7〉 '지속가능한 지구촌' 단원의 학습목표

1. 지구촌에서 나타나는 다양한 환경문제를 알아봅시다.
2. 지구촌 환경문제를 해결하기 위한 노력을 알아봅시다.
3. 환경을 생각하는 생산과 소비생활을 알아봅시다.
4. 빈곤과 기아문제를 해결하기 위한 노력을 조사해봅시다.
5. 문화적 편견과 차별이 없는 미래를 만들기 위한 노력을 알아봅시다.
6. 세계시민으로서 우리가 할 수 있는 일을 실천해 봅시다.

있다. '사고력 쑥쑥'에서는 SDGs 17개 목표 중에서 하나의 목표를 선택하고, 이의 실천방안을 살펴보도록 내용을 구성하고 있다.

여기서는 SDGs와 관련이 깊은 것은 '친환경적 생산과 소비 방식 확산, 빈곤과 기아 퇴치, 문화적 편견과 차별 해소'를 중심으로 교과서 내용을 분석하고자 한다.

먼저, 친환경적 생산과 소비 방식 확산은 소비활동이 환경에 미치는 영향 생각하기, 환경을 생각하며 사람들의 필요를 만족시키는 생산, 친환경 상품의 생산과 소비의 과정을 다루고 있다(그림 1). 친환경 상품의 생산과 소비의 과정의 사례로 방사에서 기르는 닭, 그 닭과 계란을 먹는 것을 환경을 생각하는 소비를 제시하고 있다. 여기서는 친환경이라는 용어를 '환경을 생각하는'으로 풀어서 제시하고 있고, "자원을 절약하고 환경오염을 줄임으로써 지속가능한 미래를 이룰 수 있다."(교육부, 2019, 149)고 결론을 내리고 있다.

다음으로 빈곤과 기아 퇴치는 '빈곤과 기아 문제'(교육부, 150-152)로 제시하고 있다. 교과서에는 빈곤과 관련된 사진 2장과 기아와 관련된 사진 2장을 제시한 후, 빈곤과 기아 문제를 해결할 방안에 대해서 생각해 보자고 하고 있다(그림 2). 그리고 세계 기아 지도 읽기, 지구촌 빈곤 문제를 해결하려고 노력하는 사람들을 다루고 있다.

다음으로 문화적 편견과 차별 해소는 "문화적 편견과 차별이 없는 미래를 만들기 위한 노력을 알아봅시다."(교육부, 153-156)의 성취기준을 가지고 있다. 여기서는 문화적 편견과 차별의 사례를 4가지로 제시하고 있다(그림 3). 그것은 인도 힌두교도의 소고기를 먹지 않는 것에 대한 편견, 스페인이나 중남미의 피에스타 오수 문화에 대한 편견, 전통음식을 먹는 사람들에 대한 차별, 그리고 이슬람교를 믿는 신도들에 대한 차별이다. 그

〈그림 1〉 친환경 상품의 생산과 소비 과정 내용 (교육부, 2019, 149)

〈그림 2〉 빈곤과 기아의 문제 내용 (교육부, 150)

〈그림 3〉 문화적 편견과 차별 없는 미래 (교육부, 153)

〈그림 4〉 세계시민으로서 실천하기 (교육부, 157)

리고 문화적 편견과 차별을 해결하려는 노력, 문화 존중의 참여 등을 다루고 있다.

마지막으로 6차시에서는 학생들이 지구촌에 사는 세계시민으로서 앞에서 다룬 '친환경적 생산과 소비 방식 확산, 빈곤과 기아 퇴치, 문화적 편견과 차별 해소'를 위하여 가능한 일을 실천해 보도록 하고 있다(그림 4). 그 내용은 친환경적 생산과 소비 방식으로 물 아껴 쓰기와 일회용 사용 자제를, 빈곤과 기아 퇴치로 재활용품 기증, 그리고 문화적 편견과 차별 해소로 서로 다른 문화 존중과 편견과 차별 금지 캠페인을 다루고 있다(교육부, 157-158).

IV. 지속가능발전 관련 내용의 비판적 분석

여기서는 초등 사회교과서의 지속가능발전 관련 내용을 비판적으로 분석하고자 한다. 사회교과서는 지속가능발전을 친환경적 생산과 소비 방식 확산, 빈곤과 기아 문제, 문화적 편견과 차별 해소와 지구촌에 사는 세계시민으로 구성하고 있다. 여기서는 사회교과서의 지속가능발전 관련 내용을 지속가능발전의 용어와 개념 정의, 사회과 교육과정의 구현 정도, 세계시민교육의 관점, 그리고 학생들의 이해 수준을 중심으로 비판적으로 살펴보고자 한다.

1. 지속가능발전의 용어와 개념 정의

지속가능발전의 용어를 살펴보면, 사회교과서에서는 지속가능발전이라는 용어를 '지속가능한 지구촌'이라는 단원명에서 찾아볼 수 있다. 단원명으로 볼 때, 사회교과서에서는 지속가능발전을 '지속가능성'에 초점을 맞추고 있다. 그리고 사회과 교육과정은 학습 요소에서는 '지속가능한 미래'를, 또한 평가방법에서는 '지속가능한 발전'이라는 용어를 사용하고 있다. 성취기준에서는 '지속가능한 미래를 건설하기 위한 과제(친환경적 생산과 소비 방식 확산, 빈곤과 기아 퇴치, 문화적 편견과 차별 해소 등)'로, 그리고 평가방법에서는 '지속가능한 발전을 위한 과제(친환경적 생산과 소비 방식 확산, 빈곤과 기아 퇴치, 문화적 편견과 차별 해소 등)'로 용어를 사용하고 있다. 이를 통해서 볼 때, 지속가능발전의 용어는 사회교과서와 사회과 교육과정에서 비슷하지만 다르게 사용하고 있음을 알 수 있다. 특히 사회교과서는 '지속가능한 지구촌'이라는 용어를 사용하고 있는데, 여기서는 '발전'이라는 용어를 사용하지 않으면서도 교과서 내용에서는 '발전'을 전제로 용어를 사용하고 있다.

다음으로 SDGs와 사회교과서는 지속가능발전을 정의하고 있는데, 둘 다 미래세대를 강조하는 공통점을 찾아볼 수 있다(표 8). SDGs는 지속가능발전을 사회와 경제 발전에 더불어 환경 보호를 함께 이루는 미래지향적인 발전으로, 그리고 사회교과서는 지구촌의 지속가능성을 강조하고 있다. 사회교과서는 SDGs에서 제시한 지속가능발전의 개념을 학생들의

〈표 8〉 지속가능발전 개념의 정의

SDGs	사회교과서
미래 세대의 '필요'(needs)를 충족시킬 능력을 저해하지 않으면서 현 세대의 필요를 충족하는 발전	지구촌의 사람들이 오늘날의 발전뿐만 아니라 미래 세대의 환경과 발전을 위해 책임감 있게 행동해 지구촌의 지속가능성을 높여가는 것

수준에 맞게 풀어쓰고 있으며, 이 과정에서 '책임감 있게 행동해'를 첨언하고 있다. SDGs와 사회교과서의 지속가능발전의 개념 정의는 미래 세대, 발전, 지속가능성 등의 용어를 사용하고 있어서 본질적으로 같은 의미를 가진다고 볼 수 있다.

2. SDGs와 사회교과서의 지속가능발전 관련 내용의 간극

먼저, 친환경적 생산과 소비 방식 확산에 관한 내용이다. 사회교과서는 사회과 교육과정에서 제시한 '친환경적 생산과 소비 방식 확산'을 구현하기 위하여 친환경적 양계장의 사례를 제시하였다. 닭을 밀식사육하는 양계장과 달리, 친환경적 양계장은 사육밀도가 낮고 방사를 하여 닭을 키우기에 항생제를 덜 먹이게 되고, 소비자는 항생제가 적은 닭이나 계란을 소비하게 된다는 것이 주된 내용이다.

사회교과서와 사회과 교육과정에서 제시한 '친환경적 생산과 소비'의 사례는 SDGs의 12번 목표인 '지속가능한 생산과 소비'를 반영한 것이다. SDGs에서는 지속가능한 생산을 "오염을 낳지 않고, 에너지와 천연자원을 보호하고, 노동자와 소비자에게 경제적으로 도움이 되고 안전하고 건강하고, 그리고 창의적이면서 사회적으로 가치가 있는 과정과 시스템을 이용한 재화와 서비스의 창출"[2]로 정의하고 있다. 그리고 지속가능한 소비는 "기본적인 필요를 충족하고, 사람들에게 더 좋은 삶의 질을 가져오는 생산품과 서비스의 이용이다. 이런 소비 형태는 미래세대의 필요에 위험을 주지 않도록 하기 위하여 천연자원과 독성 재료의 이용을 최소화하

---

2. https://en.unesco.org/themes/education/sdgs/material/12

고, 서비스나 생산품을 순환하면서 쓰레기 방출로 인한 오염을 줄이는 것이다."[3]라고 정의하고 있다.

이 정의를 통해서 보면, 자연 방사한 닭의 사육 사례는 지속가능한 생산의 대표적인 사례로 보기에는 무리가 있다. 지속가능한 생산의 사례는 우리사회에서 환경파괴, 과다 에너지 사용 등의 문제를 해결하려는 사례가 보다 적합한 대표적인 사례로 볼 수 있다. 그리고 지속가능한 소비에서도 사회교과서의 무항생제 제품의 이용보다는 탄소 발자국이 낮은 제품의 이용 사례가 보나 적극적인 사례라고 볼 수 있다. 이 점은 유네스코가 보급한 사례들, 즉 '에너지의 생산과 소비, 식량 생산과 소비, 폐기물 발생 및 관리, 녹색 경제'(유네스코 한국위위원회, 2019, 35) 등에서 확인할 수 있다.

다음으로 빈곤과 기아 문제이다. 사회교과서는 빈곤과 기아에 관 4컷의 사진을 제시하고 '빈곤과 기아 문제를 생각해 보자'고 제시하고 있다. 4컷의 사진들에는 "세계 어린이 인구의 23.8%가 영양을 제대로 공급받지 못해 발육 부진을 겪는다, 가족의 생계를 위해 학교에 못 가고 일을 해야 하는 어린이가 지구촌에 있다, 가뭄이 계속 되어 물과 식량이 부족해서 빈곤 문제가 심각해진다, 분쟁 지역의 기아 인구가 지속적으로 늘어난다."라는 설명이 있다. 4컷의 사진은 빈곤이 2컷이고 기아가 2컷이다. 사회교과서에는 빈곤은 '가난해 생활하는 것이 어려운 상태'(교육부, 150)로, 그리고 기아는 '먹을 것이 없어 굶주리는 것'(교육부, 150)이라고 정의하고 있다.

그리고 빈곤과 기아의 해결노력으로는 "빈곤과 기아에 처한 사람들을

---

3. https://en.unesco.org/themes/education/sdgs/material/12

돕고자 모금활동과 물건, 식량 등을 지원한다, 빈곤 때문에 교육을 받지 못하는 학생들이 교육을 받을 수 있도록 힘쓴다, 가뭄에 강한 작물을 키울 수 있도록 돕는다, 지구촌 사람들이 참여할 수 다양한 교육활동을 한다."를 제시하고 있다.

SDGs에서는 빈곤과 기아를 목표 1번과 2번에서 다루고 있다. 여기서 빈곤을 '인간이 존엄성을 가지고 살아가는 것을 불가능하게 하거나 힘들게 할 정도로 돈이나 중요한 자원이 부족한 상태'[4]로 정의하고 있다. 그리고 기아를 '배가 고프고 혈당이 감소할 때 몸이 전하는 경고 신호이다. 영양실조는 몸이 장기간의 영양 부족, 체중 감소와 기능 저하를 보일 때 일어난다'라고 정의하고 있다. 사회교과서와 SDGs의 빈곤을 비교해 보면, 사회교과서는 '가난해 생활하는 것이 어려운 상태'로, 반면에 SDGs는 '인간이 존엄성을 가지고 살아가는 것을 불가능하게 하거나 힘들게 할 정도로 돈이나 중요한 자원이 부족한 상태'[5]로 정의하고 있다. 사회교과서의 정의를 보면, 빈곤을 가난이라는 동의어로 정의하고 있다. 사회교과서는 가난한 상태를 강조한 반면, SDGs는 돈이나 중요한 자원이 부족한 상태를 강조하고 있다. 사회교과서가 SDGs보다 빈곤을 부정적으로 기술하고 있다고 볼 수 있다. 이런 사회교과서의 정의는 SDGs의 정의보다 가난을 부정적으로 서술함으로써 학생들이 가난에 대한 선입견을 유발할 수 있다. 이것은 학생들에게 가난을 극복이 가능하고 이를 극복하려고 노력하는 실천을 중요시하는 SDGs의 지침을 제대로 반영하지 못하고 있음을 보여 준다. 이런 관점은 사회교과서의 "빈곤과 기아에 처한 사람들을 돕고자 모금활동과 물건, 식량 등을 지원한다, 빈곤 때문에 교육을 받지 못

---

4. https://en.unesco.org/themes/education/sdgs/material/01
5. https://en.unesco.org/themes/education/sdgs/material/02

하는 학생들이 교육을 받을 수 있도록 힘쓴다, 가뭄에 강한 작물을 키울 수 있도록 돕는다."라는 해결방안에서도 찾아볼 수 있다. 빈곤한 사람이나 국가를 도움을 받아야 하는 대상으로 강조하고 있음을 볼 수 있다.

다음으로 문화적 편견과 차별 해소이다. 사회교과서는 문화적 편견과 차별로 "우리는 종교적인 이유로 소고기를 먹지 않는데 사람들이 이를 가볍게 생각할 때가 있어요, 우리는 낮잠을 자는 문화가 있어요. 그런데 이 문화를 오해해 우리를 게으른 사람이라고 생각하는 사람들이 있어요, 우리는 즐겨 먹는 전통음식인데 이 음식을 잘 모르는 사람들이 함부로 평가할 때가 있어요, 친구들에게 제가 믿는 종교를 얘기했더니 무섭다고 해요."를 제시하고 있다. 그리고 활동거리로 "문화적 차별과 편견이 계속된다면 어떤 일이 생기게 될지 생각해 봅시다."를 제시하고 있다. 그리고 문화적 편견과 차별을 해결하고자 하는 노력으로 "지구촌의 다양한 역사와 문화를 배우고 체험할 수 있는 여러 행사를 연다, 편견과 차별을 함께 해결하기 위해 상담을 지원하고 필요한 도움을 제공한다, 서로의 문화를 존중하고 공감하는 사회를 만드는 캠페인, 홍보 활동 등을 한다, 편견과 차별을 극복하고 다양성을 존중하는 교육 활동을 한다."를 제시하고 있다.

이 차시에서는 초등학생 수준에서 편견과 차별의 의미를 정확히 제시하지 않고서 내용을 전개하고 있다. 편견과 차별은 편견으로 인한 결과로서 차별이 존재하는 연장선상에 있음을 학생들에게 제대로 제시하지 않은 채, 편견과 차별에 대한 사례를 제공하고 있다. 문화적 편견과 차별은 SDGs의 10번 목표인 '불평등의 축소'에서 찾아볼 수 있다. 여기서는 문화적 편견과 차별이라는 용어를 직접 사용하지 않고 있지만, 차별이 곧 불평등을 낳는다고 보고 있다. 오히려 SDGs의 세부목표 4.7에서 제시한 '문화다양성 및 지속가능발전을 위한 문화의 기여'를 강조하여 사회교과서의 내용을 구성하는 것이 보다 바람직할 것으로 판단된다. 문화적 편견과 차별은 문화적 다양성을 성취하는 데 있어서 초등학생들에게 오히려 부정적 요소를 찾도록 하는 역기능을 줄 수 있기 때문이다. 문화적 편견과 차별의 해결하고자 하는 노력에서 '다양한 역사와 문화를 배우고 체험할', '서로의 문화를 존중하고 공감하는', '다양성을 존중하는 교육 활동'을 제시하고 있는데, 이것은 자문화중심주의의 문제점을 문화상대주의로 해결하려는 방식을 보여 주고 있다. 또한 교과서에서 제시한 문화적 편견과 차별 사례와 해결방안의 사례의 일치도가 부족함도 나타나고 있다.

마지막으로 '세계시민으로서 생활하기'이다. 사회교과서는 세계시민을 '지구촌 문제가 우리의 문제임을 알고 이를 해결하고자 협력하는 자세를 가진 사람'(교육부, 157)으로 정의하고 있다. 세계시민으로서 생활하기로 "필요한 만큼 물을 사용해야지, 편견과 차별 금지와 서로 다른 문화 함께 존중하자, 요즘 잘 안 입는 이 옷은 재활용할 수 있는 곳에 기증하면 좋겠는데, 장바구니에 담아 주세요."를 제시하고 있다.

이를 통해서 볼 때, SDGs와 이를 반영한 사회교과서의 사이에는 약간의 괴리가 있음을 볼 수 있다. SDGs의 12번 목표인 지속가능한 생산과 소비를 사회교과서에서는 친환경적 생산과 소비로 제시함으로써 SDGs가 추구하는 의미를 축소시키는 결과를 가져왔다. 빈곤과 기아에서는 사회교과서가 빈곤을 가난한 상태임을 강조한 반면, SDGs는 빈곤을 돈이나 중요한 자원이 부족한 상태임을 강조하고 있다. SDGs는 사회교과서에 비해서 빈곤과 기아를 극복할 수 있는 대상임을 강조하였다. 문화적 편견과 차별의 해소에서는 SDGs가 문화적 편견과 차별의 개념 정의를 정확히 제시하지 않고 문화다양성이라는 용어를 사용하고 있으나, 사회교과서에서는 이를 문화적 차별과 편견으로 해석해서 제시하고 있다. 이 것은 자문화중심주의의 역기능을 중심으로 문화다양성을 다루는 한계도 드러내고 있다.

3. 사회교과서에서 지속가능발전의 서술 관점

사회교과서에서 빈곤과 기아 문제의 해소에서는 세계에서 일어나는 빈 곤과 기아 문제와 해결방안을, 문화적 편견과 차별 해소에서는 문화적 편 견과 차별의 사례와 해결방안을, 그리고 지구촌에 사는 세계시민에서는 세계시민으로서 실천방안을 제시하였다. 빈곤과 기아 문제 해결 차시에 서는 지구촌에서 빈곤을 겪는 어린이, 가뭄에 시달리는 지역 주민, 아동 노동을 하는 남부아시아 어린이와 기아에 시달리는 분쟁 지역의 난민을 제시하고 있다. 또한 해결방안으로는 '모금활동과 물건, 식량 등의 지원', '교육을 받지 못하는 학생들의 교육', '가뭄에 강한 작물을 키울 수 있도록 돕는다'를 제시하고 있다. 이 사례들은 학생들에게 자연스럽게 가난하고 배고픔에 시달리는 아프리카, 남부아시아, 난민에 대한 부정적 이미지를 받아들이게 하고 있다. 그리고 빈곤과 기아의 해결방안도 모금, 지원, 교 육, 도움 등을 강조하고 있고, 이를 통하여 빈곤과 기아에 처한 사람과 국 가들을 돕는 마음을 갖도록 유도하고 있다.

다음으로 문화적 편견과 차별 해소 차시는 종교, 음식, 생활 문화로 인 한 오해와 편견을 다루고 있다. 그리고 이런 사례들을 다양한 복장을 한 캐릭터가 소개하고 있다. 그중에서 "친구들에게 제가 믿는 종교를 이야 기 했더니 무섭다고 해요."라고 아랍인 복장을 한 학생이 소개하고 있다. 이는 '우리는 종교적인 이유로 소고기를 먹지 않는데 사람들이 이를 가

녑게 생각할 때가 있어요', '우리는 낮잠을 자는 문화가 있어요. 그런데 이 문화를 오해해 우리를 게으른 사람이라고 생각하는 사람들이 있어요', '우리는 즐겨 먹는 전통음식인데 이 음식을 잘 모르는 사람들이 함부로 평가할 때가 있어요'라는 다른 편견의 문구와는 달리 강조한 어조로 제시하고 있다. 특히 '무섭다고 해요'라는 편견 서술은 너무 강한 표현이어서 이슬람교에 대한 부정적 선입견을 강화시킬 수 있는 여지가 있다.

다음으로 지구촌에 사는 세계시민 차시는 '필요한 만큼 물을 사용해야지', '편견과 차별 금지와 서로 다른 문화 함께 존중하자', '요즘 잘 안 입는 이 옷은 재활용할 수 있는 곳에 기증하면 좋겠는데', 그리고 '장바구니에 담아 주세요'로 구성되어 있다. 여기서 다른 문화를 존중하자는 표현을 하고 있으며, 재활용품을 기증하자고 제시하고 있다. 아마도 이 기증은 상대적으로 가난한 지역이나 국가로 보내자는 전제를 담고 있는 것으로 판단된다.

SDGs의 관련 내용에 관한 교과서의 서술은 기본적으로 자유주의적 관점이 주를 이루고 있다. 개발국이 저개발국에게, 잘사는 사람이 가난한 사람에게, 우리가 아프리카 사람들이나 난민에게 원조를 베풀어 주는 입장이 주를 이루고 있다. 이는 자유주의적 사고의 대표적인 관점인 시혜주의와 온정주의가 바탕을 이루고 있다. 초등학교 수준에서 자유주의적 입장이 최선임을 부정하기 어렵지만, 지나친 시혜주의는 학생들이 호혜주의나 상호문화이해로 나아가는 데 걸림돌이 될 수도 있다. 초등학교 수준에서는 비판주의적 세계시민교육을 수행하기가 이르긴 하지만, 교사는 조심스럽게 비판주의도 가르칠 수 있도록 사회과 교육과정이나 사회교과서를 재구성할 필요가 있다. 또한 사회교과서에서 다루어지고 있는 아프리카 사람들의 빈곤, 남부아시아의 아동 노동, 분쟁지역 난민의 기아, 이슬람교의 공포심 등은 자칫 이들에 대한 편견과 차별을 낳을 수도 있다. 현재의 사진 자료보다는 아프리카 사람들이 빈곤과 기아를 해결하려는 노력, 종교 간의 화해 시도 등을 담은 사진 자료를 보다 많이 제시할 필요가 있다. 또한 사회교과서의 해결방안도 주류 문화가 비주류 문화를 이해하고 공감하는 다문화적 관점에서 벗어나 상호문화이해의 관점으로 나아갈 필요가 있다.

4. 초등학생의 이해 수준

SDGs는 초등학교 6학년에서 다루어지고 있다. 초등 사회교과서에서 다루어지는 지속가능발전 개념은 그 개념 자체가 모호하고 다의적 해석을 낳을 수 있어서 그 정의를 이해하기가 쉽지 않다. 지속가능발전이라는 용어 자체가 주는 추상성으로 인하여 학생들이 이 개념을 이해하기가 매우 어렵다고 볼 수 있다. 하지만 사회교과서는 지속가능발전 개념에 대한 정의와 이에 대한 서술 없이 곧바로 지속가능발전의 핵심 내용을 제시하고 있다. 사회교과서는 초등학생들이 지속가능발전 개념에 대한 이해 없이 곧바로 지구촌의 지속가능한 생산과 소비, 문화적 편견과 차별, 빈곤과 기아의 문제점, 해결방안과 실천방안을 찾도록 구성하고 있다. 2009 개정 사회과 교육과정에서는 지속가능발전 개념을 사회, 경제와 환경 측면으로 제시하고, 사회에서는 '모든 사람이 평등하고 행복한 삶', 경제에서는 '환경을 고려하면서 인류가 지속적으로 발전할 수 있는 경제 개발', 그리고 환경에서는 '현재 세대와 우리 후손이 모두 쾌적하게 살 수 있는 환경 만들기'로 설명하고 있다. 지속가능발전이 추상적인 개념이긴 하지만, 2009 개정 교육과정에서는 이에 대한 정의를 분명히 하고 있어서 이 개념의 이해를 돕고 있다. 따라서 지속가능발전에 대한 개념의 명료화가 요구된다. 한편 과학과를 보면, 초등학교 수준에서는 지속이라는 개념을 사용하지 않고 있고, 주로 생태계를 다루면서 지속가능발전이 지향하는 바를 함축적으로 제시하고 있다. 과학과에서는 지속이라는 용어를 중학교 수준에서부터 사용하고 있다.

다음으로 사회교과서에서는 대단원인 (8) 통일 한국의 미래와 지구촌의 평화를 마무리하면서 '사고력 쑥쑥' 코너에서 SDGs를 다루고 있다(그림 5). 여기서는 SDGs의 17개 목표를 해당 로고로 제시한 후, 자신이 하나의 목표를 선택하고 이 선택한 목표에 대한 실천계획을 세워 보도록 구성하고 있다. 그러나 초등학생들은 17개 목표 중에서 내용의 이해를 떠나서 목표의 용어도 이해하기 어렵다고 볼 수 있다. 예를 들어, 웰빙, 양질

〈그림 5〉 SDGs의 수업 내용 (교육부, 163)

의 일자리, 불평등 감소, 혁신, 사회기반시설, 정의, 효과적인 제도, 지구촌 협력 등은 용어 자체가 모호하고 어렵다. 이런 용어를 여과없이 교과서에 제시하고, 이를 바탕으로 실천 계획을 세우라는 것은 초등학생 수준에서는 지나치게 어렵다고 판단된다. 더 나아가 각 목표에 대한 세부 설명 없이 17개 목표의 로고만을 제시한 후, 관련활동을 수행하도록 하는 것은 초등학생 수준을 넘어선 내용구성이라고 볼 수 있다. 이것은 교사들이 수업을 하면서 교육과정과 교과서의 재구성을 하는 데 많은 어려움을 겪게 할 것으로 보인다. 이렇게 어려운 내용은 교사들이 경험적 판단하에서 가르치지 않을 가능성도 매우 높다고 생각한다.

V. 결론

본 장에서는 초등 사회교과서에서 다루고 있는 SDGs의 관련 내용을 비판적으로 분석하였다. 그 결과, 초등 사회교과서는 SDGs 중에서 지속가능한 생산과 소비, 빈곤 퇴치, 기아 종식, 불평등 감소, 지구촌 협력을 중심으로 소개되었다. 특히 사회교과서에서는 친환경적 생산과 소비, 빈곤과 기아의 해소, 문화적 편견과 차별 해소, 세계시민으로서 생활하기로 콘텐츠를 구성하였다.

먼저, 사회과 교육과정에서는 지속가능발전 용어를 학습 요소, 성취기준, 평가방법 등에서 사용 시마다 그 용어를 달리 하고 있어서 혼란을 주고 있다. 즉, 사회과 교육과정의 학습 요소에서는 '지속가능한 미래'를, 평가방법에서는 '지속가능한 발전'을, 성취기준에서는 '지속가능한 미래를 건설하기 위한 과제'로, 그리고 평가방법에서는 '지속가능한 발전을 위한 과제'로 용어를 달리 사용하고 있다. 그리고 지속가능발전의 용어는 사회 교과서와 사회과 교육과정에서 비슷하지만 다르게 사용되고 있음을 알 수 있다. 특히 사회교과서는 '지속가능한 지구촌'이라는 용어를 사용하고 있는데, '발전'이라는 용어를 사용하지 않으면서도 '지속가능한'에서 '발 전'을 전제로 하고서 이 용어를 사용하고 있음을 볼 수 있다. 이를 통해서 보면, 지속가능발전 용어를 사회과 교육과정과 사회교과서에서 통일시 켜 사용할 필요가 있다. 사회교과서는 지속가능발전을 학생들에게 제시 하기 위해서는 SDGs의 해당 내용에 관한 명확한 이해를 토대로 내용 구 성을 할 필요가 있다. 학생들이 지속가능발전 개념에 대한 정확한 이해가 부족할 경우, 학생들에게 지속가능발전에 대한 오개념을 낳을 수 있기 때 문이다.

다음으로 SDGs와 사회교과서의 사이에는 약간의 괴리가 있다. SDGs 의 12번 목표인 지속가능한 생산과 소비를 사회교과서에서는 친환경적 생산과 소비로 제시함으로써 SDGs가 추구하는 의미를 축소시키는 결과 를 가져왔다. 빈곤과 기아에서는 사회교과서가 빈곤을 가난한 상태임을 강조한 반면, SDGs는 빈곤을 돈이나 중요한 자원이 부족한 상태임을 강 조하고 있다. SDGs가 사회교과서에 비해서 빈곤과 기아를 극복할 수 있 는 대상임을 강조하였다. 문화적 편견과 차별 해소에서는 사회교과서와 SDGs 둘 다 문화적 편견과 차별에 대한 정확한 의미를 제시하지 않고 있 다. 문화적 편견과 차별이라는 역기능을 중심으로 부정 강화보다는 문화 다양성의 관점에서 사회교과서의 내용을 전개할 필요가 있다.

다음으로 사회교과서의 SDGs의 내용 서술 관점을 보면, 기본적으로 자유주의적 관점이 주를 이루고 있다. 자유주의적 사고의 대표적인 관점 인 시혜주의와 온정주의가 바탕을 이루고 있다. 또한 사회교과서에서 다루어지고 있는 아프리카 사람들의 빈곤, 남부아시아의 아동 노동, 분쟁지역 난민의 기아, 이슬람교의 공포심 등은 자칫 이들에 대한 편견과 차별을 낳을 수도 있다. 시혜주의를 벗어나 비판적 세계시민교육 관점이나 상호문화이해를 강조하는 방향으로 내용을 구성할 필요가 있다. 물론 초등학교 수준에서는 지속가능발전을 비판주의적 입장에서 가르치기가 어렵지만, 조심스럽게 비판주의도 가르칠 수 있도록 해당 내용을 재구성하여 다룰 필요가 있다. 사회교과서에서 다루어지고 있는 아프리카 사람들의 빈곤, 남부아시아의 이동 노동, 분쟁지역 난민의 기아, 이슬람교의 공포심 등은 자칫 이들에 대한 편견과 차별을 낳을 수도 있다. 그래서 교과서의 사진 자료를 아프리카 사람들이 빈곤과 기아를 해결하려는 노력, 종교 간의 화해 시도 등을 담은 사진 자료를 보다 많이 제시할 필요가 있다.

다음으로 사회교과서 내용이 초등학생의 이해 수준보다 높은 내용으로 구성된 문제점이 있다. 사회교과서는 지속가능발전 개념에 대한 정의와 설명 없이 곧바로 지속가능발전의 핵심 내용 중 친환경적 생산과 소비, 빈곤과 기아의 해소, 문화적 편견과 차별 해소, 세계시민으로서 생활하기를 제시하고 있다. 그리고 초등학생들이 이해하기 어려운 웰빙, 양질의 일자리, 불평등 감소, 혁신, 사회기반시설, 정의, 효과적인 제도, 지구촌 협력 등의 용어를 여과 없이 교과서에 제시하고, 이를 바탕으로 실천계획을 세우라는 것은 초등학생 수준에서는 지나치게 어렵다고 판단된다. 이런 문제를 해결하기 위해서는 SDGs 중 일부를 선택해서 초등학교 수준으로 사회교과서의 내용을 재구성할 필요가 있다.

참고문헌

강운선, 2011, 사회과에서 범교과 학습의 맥락으로서 지속가능발전교육의 실현 가능성: 교사의 이해 수준과 실천 의지를 중심으로, **학습자중심교과교육연구** 11(1), 1-27.

교육부, 2015, **사회과 교육과정**, 서울: 교육부.

교육부, 2019, **사회 6-2**, 서울: 지학사.

국제개발협력시민사회포럼(KoFID), 2016, **알기쉬운 지속가능발전목표 SDGs**, 서울: 국제개발협력시민사회포럼(KoFID).

김다원, 2020, 초등 2015 개정 교육과정에 포함된 지속가능발전교육(ESD) 관련 목표와 내용 탐색, **국제이해교육연구** 15(1), 1-31.

김영하, 최도성, 2016, 초등학교 사회·과학 교과서에 포함된 지속가능발전목표(SDGs) 관련 내용 분석, **한국환경교육학회 학술대회 자료집** 2016(11), 150-156.

김찬국, 2017, 우리나라 지속가능발전교육 연구 동향과 연구 방향: 1994~2017년 "환경교육" 게재 논문을 중심으로, **환경교육** 30(4), 353-377.

김형순, 2015, 초등 사회과 교과서에서의 지속가능발전교육 관련 내용 변화, **사회과수업연구** 3(1), 109-131.

박애경, 2017, 세계시민교육 패러다임 변화에 따른 수업 실천: '지구촌 문제'를 중심으로, **국제이해교육연구** 12(1), 121-157.

배나리, 조철기, 2018, 지리를 통한 지속가능발전교육의 방향, **한국사진지리학회지** 28(2), 113-126.

오영재, 염미경, 2014, 고등학교 『사회』 교과서에 반영된 지속가능발전교육 관련 내용 분석, **環境 敎育** 27(2), 217-238.

유네스코 한국위원회, 2019, **지속가능발전목표 달성을 위한 교육-학습목표**, 서울: 유네스코 한국위원회.

유네스코 한국위원회, 2018, **문답으로 풀어보는 지속가능발전목표(SDG)4-교육 2030**(개정본), 서울: 유네스코 한국위원회.

이경한, 1997, 사회과 지리교육에서의 환경교육 방안에 관한 논의: 지속가능한 발전 개념을 중심으로, **초등사회교육** 9, 한국초등사회교육학회, 197-214.

이경한, 2016, **사회과 지리수업과 평가**(제3판), 과주: 교육과학사.

이경한, 김보은, 2020, 초등 사회과교과서 내의 지속가능발전 내용의 비판적 분석, **교육종합연구** 18(4), 교육종합연구원, 19-42.

이동수, 김영순, 윤현희, 2017, 중학교 사회 교과서 탐구활동의 지속가능발전교육 내용 분석, **중등교육연구** 65(1), 경북대학교 중등교육연구소, 79-93.

이선경, 2015, 왜 세계는 지속가능발전교육을 말하는가?, 한국국제이해교육학회(편), **모두를 위한 국제이해교육**, 228-235, 서울: 살림터.

이지혜, 2017, 초등학교 사회과 지속가능발전교육에 대한 연구, **사회과교육** 56(1), 95-108.

조규동, 정기섭, 2011, 제7차 교육과정과 2007년 개정 교육과정의 지속가능발전교육 관련 내용 비교 분석-초등학교 4학년 도덕, 사회, 과학 과목을 중심으로-, **시민인문학** 20, 경기대학교 인문학연구소, 235-263.

Sustainable Development Solutions Network, 2019, *Sustainable Development Report 2019*, Bertelsmann Stiftung.

UN General Assembly, 2015, *Transforming our World: the 2030 Agenda for Sustainable Development*.

UNESCO, 2017, *Education for Sustainable Development Goals: Learning Objectives*, UNESCO.

UNESCO, 2017, *Unpacking Sustainable Development Goal 4, Education 2030*, UNESCO.

WCED, 1987, *Report of the World Commission on Environment and Development: Our Common Future*.

https://en.unesco.org/themes/education/sdgs/material/01

https://en.unesco.org/themes/education/sdgs/material/02

https://en.unesco.org/themes/education/sdgs/material/12

https://sdgs.un.org/goals

제3부
세계시민교육의 실천과 과제

6장

다문화교육의 패러다임에 대한 이해

I. 서론

우리사회가 다문화사회에 접어들었다는 데 아무도 이의를 달지 않는다. 다문화사회를 지향하고자 하는 교육도 함께 제시되어 왔다. 이런 일련의 교육을 다문화교육이라고 말할 수 있다. 우리사회는 다문화사회로 접어들면서, 사회구성원들이 다문화사회에 적응할 수 있도록 다문화교육을 시행하고 있다. 이런 다문화교육은 시대에 따라서 그 성격을 달리하면서 우리 사회에 등장하였다. 그래서 본 장에서는 다문화교육의 변화 및 그 특성을 주요 패러다임을 중심으로 살펴보고자 한다.

본 장에서는 다문화교육의 패러다임 변화를 알아보기 위하여 기존의 연구결과를 검토하여 연구의 경향을 분석하고 이를 바탕으로 다문화교육이 나아갈 방향에 대해서 논의하고자 한다. 이를 위하여 다문화교육의 접근방법에 대한 논의를 살펴보았다. 먼저 Castagno(2009)는 다문화교육의 접근방법을 동화, 통합, 다원주의, 문화 간 자신감, 비판적 인식, 사회적 실천을 위한 다문화교육으로 구분하였다. 나장함(2010)은 동화를 위한 교육, 융합을 위한 교육, 다원성 증진을 위한 교육, 비주류 집단 권력 신장을 위한 교육과 사회변혁과 정의를 위한 교육으로 구분하였다. 여기에서는 두 접근방법을 토대로 하여, 다문화교육의 접근방법을 동화주의, 통합주의, 다문화주의, 사회적 정의 접근방법으로 설정하였다. 이들은 기본적으로 다문화교육의 패러다임으로 볼 수 있고, 이를 바탕으로 다문화교육의 발전과정을 살펴보고자 한다.

II. 다문화교육의 패러다임 변화 탐색

1. 동화주의 지향 교육

다문화사회에 접어들면서 나타난 다문화교육으로는 동화주의를 들 수 있다. 이것은 도시나 국가로 유입한 소수자들을 주류사회로의 진입을 돕거나 동화시키고자 하는 데 목적을 두고 있다. 동화주의 교육은 소수자들을 주류 문화로의 동화를 의도하고 있다. 소수자들을 주류 문화로 동화시키려는 것은 다문화자인 소수 집단을 기존의 사회 질서와 체제를 유지하는 데 있어서 장애물로 인식함을 의미한다. 그리고 소수자들을 주류사회를 위하여 교화와 교정의 대상으로 인식하였다.

동화주의 교육은 유럽에서 외국인 교육학으로 시작되었다. 다문화 배경을 가진 소수자들이 외국 노동자 등으로 살아가면서 겪는 언어 문제를 해결하고자 하는 데 초점을 두었다. 소수자들은 주류사회의 문화 요소가 부족한 결핍의 존재자로서 인식되었다. 이 점은 자선적 다문화주의(Gibson, 1976), 기여적 접근(Banks, 1988, 1995), 보수적 다문화주의(McLaren, 1994; Kincheloe, Steinberg, 1997), 단일 문화 교육(Nieto, 2004) 등으로 표현되고 있다.

이렇게 시작한 동화주의 교육의 특징은 외국인을 주류사회의 문화에 적응해야 하는 '결핍자'로 간주하는 것이다. 이러한 결핍과 문제로서의 외국인에 대한 이해는 다수사회의 지배적인 문화와 생활양식에 일방적인 적응과 동화 요구를 정당화하는 데 기여한다(홍은영, 2012, 146). 결핍 가설은 다수자는 지배문화를 가진 자들이고, 외국인과 같은 소수자는 다수의 문화를 받아들여야 하는 부족한 자들이라는 기본적 사고를 담고 있다. 그래서 동화주의 교육은 국가에의 충성, 도시 적응 등의 시민성 교육을 중심으로 시행되었다. 기본적으로 소수자들의 주류사회에의 사회화를 목적으로 수행되어 온 교육이다.

동화주의 교육은 많은 비판을 받았다. 이 비판은 외국인, 소수자라는 정치적 문제를 교육 문제화하였다는 점과 결핍 가설을 기본적으로 토대에 두고 있다는 점에 대한 회의로부터 시작되었다. 이 비판을 보다 구체적으로 살펴보면, 첫 번째 비판은 외국인 교육학이 사실상 사회적, 정치적 차원에서 접근해야 할 외국인 문제를 마치 전적으로 교육의 문제인 양 호도하고 있다는 지적이다. 두 번째 비판은 타자를 분리하고 차별화시킴으로써 그들을 결핍, 심지어는 장애를 가진 존재로 간주하는 '결핍 가설'에 대한 비판이다(정창호, 2011, 80). 이런 비판은 다문화교육의 흐름을 변화시키게 되었다. 그 변화의 중심에는 차별이 아닌, 차이를 존중하는 교육으로 전환이었다.

2. 통합주의 지향 교육

통합주의 지향 교육은 기본적으로 사회통합을 위한 다문화교육이다. 통합주의는 인간관계, 관용, 개방적 다문화주의, 문화적 이해를 위한 교육을 강조한다. 통합주의 교육에서 인간관계는 학교와 교실 안의 다양한 집단 구성원들 간의 긍정적인 대인관계 형성과 개별 학생들의 자아개념을 강화하고자 한다(나장함, 2010, 104). 다문화교육의 출발행위로서 타문화에 대한 관내함인 관용을 강조한다. 이것은 소수자들이 가진 타문화를 이해하고자 하는 교육으로 이어진다. 동화주의가 인위적인 통합을 시도하였다면, 통합주의 교육은 소수자와 타문화에 대한 학습을 강조하였다. 그래서 등장한 것이 교육과정에 다문화를 포함시켜서 가르치는 방식이다. 다문화사회에서 주류사회에 예속화된 지식(subjugated knowledge), 즉 그동안 정규 교육과정에 속에서 경시되어 왔던 타문화, 소수집단의 지식을 교육과정에 일부 포함하여 보다 조화로운 사회와 문화를 창출하고자 한다(나장함, 105). 통합주의 지향 교육에서는 주류 집단과 타문화나 소수집단 사이에 존재하는 불평등한 권력관계를 심각하게 다루지 않는다. 그리고 타문화나 소수집단을 교육과정에 포함하고 있으나, 주류 문화를 교육과정의 기본적인 틀로 설정하고 있다.

그래서 통합주의 교육은 기존 질서의 주류 문화를 중심으로 다문화교육을 시행하면서, 소수자, 타문화 등이 존재함을 교육과정을 통하여 가르치고자 한다. 이것은 주로 지적인 측면에서의 다문화교육이라고 볼 수 있다. 머리로서 다문화 사회, 타문화의 내용 등을 아는 데 초점을 두고 있다. 그리고 다문화에 대해서 아는 것은 곧 실천이나 관용 등을 취할 수 있을 것이라는 기본 논리를 지니고 있다. 이런 통합주의 교육은 여전히 주류 문화 중심의 교육이라는 점에서 비판의 여지가 크다. 또한 다양한 문화, 타문화, 소수자를 인정하는 데 중점을 두고, 이들의 차이를 가져오는 원인에는 별로 관심을 갖지 않는다.

3. 다문화주의 지향 교육: 소극적 상호문화이해교육

다문화교육은 1960년대 민권운동으로 시작되었다. 1960년대 민권운동의 주요 목적은 공공시설, 주택, 고용과 교육에서 차별을 제거하는 데 있다(Banks and Banks, 1999, 5). Banks(모경환 외 역, 2008)는 다문화교육을 학생들로 하여금 다른 문화의 관점을 통해 자신의 문화를 바라보게 함으로써 자기 이해를 증진시키는 데 목적을 두고 있다고 보았다. 이런 교육은 기본적으로 다문화주의에 토대를 두고 있다. 다문화주의는 전 지구적으로 확산되고 있는 다문화적 현상, 곧 인종, 문화, 이념, 종교, 민족, 젠더 등과 같은 문화적 단위들의 공존 현상에 대한 인식론적 및 규범적 입장이나 태도 등을 말한다(정호범, 2011, 103).

다문화주의의 특징(장한업, 2009b, 105-121)은 첫째, 다문화주의는 소속 집단에 우선권을 부여한다. 둘째, 다문화주의는 차이를 공간화한다. 셋째, 다문화주의는 각 집단의 권리를 보장하는 특수하고 정교한 법률을 만든다. 넷째, 다문화주의는 문화적 상대성을 인정한다. 다섯째, 다문화주의는 공공장소에서 차이를 표현할 수 있게 한다. 이 특징들을 보면, 다문화주의는 차이를 인정함으로써 문화적 상대성을 인정하는 사고라고 볼 수 있다. 그래서 다문화주의는 타자의 정체성과 가치에 대한 인정을 전제로 한다. 이런 다문화주의는 차이를 명백히 드러냄으로써 사회조직의 복수적 구성을 인정하도록 한다.

다문화주의는 차이를 존중한다. 1980년대 전후 교육에서 이주에 대한 대응은 외국인들의 독일사회로의 일방적인 동화 요구에 대한 비판과 함께 '결핍'의 가설에서 차이의 존중으로 변하게 되면서 다문화가 생겨나게 되었던 것이다(홍은영, 146). 다시 말하여 다문화주의는 결핍 가설에 '차이 가설'을 제안하였다. 외국인 학생들이 자신의 고유한 사회화 과정에서의 획득한 문화적, 언어적 내용은 '결핍'으로서가 아니라 '차이'로서 간주되어야 한다. 이것은 학교가 정한 내용과 규범이 아니라 학생의 일상과 구체적 생활세계가 교육적 사고의 중심에 놓여야 한다는 입장을 반영하고 있다(정창호, 80).

다문화교육은 유럽에서 상호문화(이해)교육으로 제시되었다. 초창기의 고전적 상호문화교육은 '평화교육과 공동체교육'의 경향을 흡수하였다. 이런 확장을 통해서 상호문화교육은 편견의 감소, 공감 능력, 연대성, 민족주의적 사고의 탈피, 갈등 대처 능력 등 평화교육의 목표를 수용하였고, 동시에 학생들의 문화적, 인종적 출신 배경에 주목하면서도 그것을 결핍의 관점에서 바라보지 않을 수 있는 가능성을 확보하였다(Nohl, 2006, 51, 정창호, 80 재인용). 상호문화교육은 주류집단의 사회구성원이 이주한 사람들의 문화와 생활방식을 알게 됨으로써 차이를 이해하는 것을 목표로 한다(홍은영, 146). 특히 프랑스에서는 이 교육이 출현하게 된 배경은, 첫째는 유럽회의가 학교에서 상호문화적 접근을 확대하고 문화정체성을 상호 개방하는 것은 매우 유익하다고 보고 이를 적극 권장하였기 때문이었고, 둘째는 이민노동자 귀국지원 정책이 가시적인 실효를 거두지 못했기 때문이고, 셋째는 출신 언어, 문화교육을 이민 자녀만을 대상으로 실시할 경우 그들의 고립감만 가중시킨다는 비판이 있었기 때문이다(장한업, 2009b, 115).

상호문화이해교육 프로그램은 한 사회를 구성하는 사회집단들의 고유한 문화적 특성이 다양하게 존재하고 있으며, 주류집단의 문화와 비주류집단의 문화들이 동등하게 존중되어야 한다는 인식에서 출발한다(오영훈, 2009, 33-34). 상호문화이해교육의 주요 개념은 다문화성과 문화간 이해능력이다. 여기서 다문화성은 언어적, 인종적, 문화적으로 다양화 되는 과정의 (중간) 결과에 대한 묘사이고, 문화 간 이해 능력은 문화 간의 차이와 공통성을 발견하는 능력, 이문화적 시각에서 자신의 사고, 행위, 태도, 관념의 문화적 종속성에 대한 반성 능력, 의사소통 능력과 특별한 상황에서 적절한 의사소통 전략 수립 능력, (비판적) 관용과 역설적 상활 설정 능력, 이문화의 동료와 협력, 통합 능력을 말한다. 이 두 중요 개념을 바탕으로 이루어지는 상호문화이해교육의 수업방법과 내용은 '관점의 전환'과 '대화'라고 볼 수 있다. 관점의 변화를 가져오기 위하여, 학생들은 지역단위의 외국인 프로젝트, 이민자나 임시 거주자 자녀의 방과후 교육 프로젝트, 유니세프의 아동 권리 운동과 원조 참여 프로젝트, 학교에서의 반인종주의 프로젝트, 엠네스트 참여 프로젝트, 다문화적 학교환경 조성 프로젝트, 유엔 관련 기관 방문 프로젝트 등을 적극적으로 참여할 수 있다.

상호문화이해교육 프로그램의 궁극적인 지향점은 사회구성원들이 타문화에 대한 편견과 고정관념을 줄이고, 서로 다른 문화집단에 속하는 사람들이 한 사회 속에서 서로 평등하게 상호 공존할 수 있도록 하는 것이다(오영훈, 34).

다문화주의는 동화주의나 통합주의보다 진일보한 관점으로 볼 수 있다. 그러나 이것은 일정한 한계를 지니고 있다. 장한업은 다문화주의의 한계(장한업, 2009b, 109-110)를 제시하였다. 첫째, 다문화주의는 거부와 배제의 태도를 조장할 수 있다. 둘째, 개인을 집단 속에 가두어 버리면 사회적 유동성이 제한될 수밖에 없다. 셋째, 다문화주의는 집단과 문화가 점점 다양한 형태와 색깔을 띨 수 있다는 사실을 은폐할 수 있다. 넷째, 문화적 변인을 지나치게 강조하다 보면 상대적으로 다른 변인을 경시할 수 있다. 다섯째, 개인의 자율성을 경시할 수 있다.

다문화주의의 한계는 한국의 다문화교육에 대한 기본 인식(정석환, 2012, 34)에서도 확인할 수 있다.

첫째, 한국에서 다문화교육의 대상은 국제결혼, 노동 이주민, 새터민 등 상대적인 사회적 소수자와 약자를 주된 대상으로 실시되고 있다. 둘째, 국가적 차원에서 실시되고 있는 다문화교육의 목적은 다양한 문화적 배경을 지닌 인종적 특성을 '대한민국의 국민'이라는 하나의 틀에 동화시키는 것을 주된 이슈로 보고 있다. 따라서 국가적 차원의 다문화교육은 다문화 가정의 학생을 관용과 이해의 틀로 수용하여 일반 학교에 적응시키고 일반 학생들에게는 다른 문화에 대한 이해와 배려를 하도록 교육시키고 있다. 이러한 다문화교육을 소위 '포용적 동화주의'로 표현하여도 무방하겠다. 셋째, 학술적 노력의 결과 다양한 사회적 변수 중 소수에 속하는 타자들의 입장을 다수의 주류의 입장과 동등한 지위로 인정하고 인류라는 보편적인 차원에서 인식하여 '상호-문화적' 관점으로 대할 것을 주장하고 있다.

이런 한계를 지니고 있는 다문화주의 교육을 소극적 상호문화이해교육으로 보고자 한다. 주류 문화와 소수 문화라는 갈래의 골이 여전히 깊고 넓어서 주류사회의 구성원들이 소수자의 문화를 배타적으로 이해하는 수준에 머무르고 있기 때문이다.

4. 다문화주의 지향 교육: 적극적 상호문화이해교육

소극적 상호문화이해교육을 넘어서 등장하는 것이 적극적 상호문화이해교육이라고 볼 수 있다. 이것은 다문화주의를 지향하면서 주류 문화의 지배력을 비판하면서 약자의 문화를 편파적으로 이해하는 것을 적극적으로 개선하려는 교육방식이다. 이런 관점은 문화적 차이의 존중과 이해를 목표로 한 상호문화이해교육이 편파적으로 문화적 상이성에 초점을 두고 각각의 이주한 소수집단과 주류집단의 표면상의 본질적이고 동질적인 문화 개념을 묵시적으로 전제함에 문제가 있는 것(홍은영, 147)을 인정하는 데서 출발하고 있다. 독일에서는 문화 간 이해교육 개념이 대략 1970년대 후반에 취학전 교육과 연관되어 사용되다가 1980년 초에 들어서서야 특정한 교육적 목표를 지향하는 일반적인 의미로 통용되었다(이종하, 2006, 107).

문화를 상호작용의 결과로서 보고서, 문화를 어느 하나의 집단이 독점할 수 없다는 사고를 가지고 있다. 문화가 상호작용으로 인한 결과라면, 문화는 다양성을 가지게 되고, 다양성은 지배 정도, 다소의 정도 등과 상관없이 상호공존해야 할 정당성을 가진다. 상호문화적 관점은 다음과 같이 볼 수 있다.

자기와 타자 또는 이질적 문화 간의 상호작용이 각자의 '지역성'에서 추상화된 채로 일어날 수는 없다고 인정한다. 자기와 타자가 가진 지역성, 즉 특정한 전통이나 언어 등을 어느 한 쪽으로든 특권화하는 것을 거부한다. 합의 이론 또는 불일치 이론의 양자택일적 강조를 거부하고 겹침이 현상학적으로 그리고 경험적으로 입증할 수 있는 형태로 주어져 있다는 사실에서 출발한다.   (정창호, 95-96)

적극적 상호문화이해교육은 비판적 상호문화이해교육으로 나아가고 있다. 비판적이라는 점에서 볼 수 있듯이, 이는 역동적인 문화 개념의 이해를 제시하고 옹호한다. 왜냐하면 주류사회로의 이주는 개인들을 '우리'와 '그들'이라는 틀 안에서 가르고 나누어서 경계를 짓는 실천의 반대 현상이며 역동적이기 때문이다(홍은영, 148). 우리와 그들을 구분하는 경계의 틀을 적극적으로 비판하고, 이를 개선하려는 시도가 존재한다. 그리고 이 차이를 가져오는 사회적 경제적 조건에 대한 비판을 적극적으로 수행한다. 그래서 비판적 상호문화이해교육은 "우리가 다름을 대응하고 '문제'로서 바라봄에서 그 다름이 구성되어지는 사회적 맥락과 소속의 조건에 대한 고찰로의 관점의 전환을 강조한다. … 차이를 포함하는 평등에 대한 고찰이 일어나는 사회적 맥락을 인식"한다(홍은영, 149). 또한 차이로 인한 차별을 적극적으로 분석한다. 단순히 피상적으로 보이는 문화라는 틀을 넘어서 문화의 차이를 지배하는 사회 경제적 구조를 비판적으로 바라볼 수 있어야 제대로 된 상호문화이해교육을 할 수 있다고 주장한다. 그래서 이를 반차별 교육학이라고 부르기도 한다. 다음 글은 이 관점을 제대로 보여 주고 있다.

반차별의 교육학은 문화적 귀속성이 교육과 도야에서 매우 중요한 의미를 갖는다는 다문화주의 기본적 가정을 의문시하면서 문화적, 인종적 차이들은 단지 사회적으로, 문화적으로 구성된 허구에 불과하다고 간주한다. 따라서 반차별 교육학은 다문화 사회의 문제를 허구적인 문화적 범주들을 통해서가 아니라 제도적이고 조직적인 차별의 관점에서 접근하려 한다. (정창호, 82)

적극적 상호문화이해교육은 다문화 지향의 교육을 시행하면서 적극적인 문화이해교육을 실시하고 있다. 문화의 차이를 인정하는 다양성 존중을 넘어서, 차이로 인한 차별을 야기하는 구조에 대해서 비판적으로 접근하는 관점이다. 이런 관점은 비판적 문화 이해를 가져왔다. 그래서 동화주의적 다양성 교육을 적극적으로 반대하고 그 문화적 차별을 찾아서 그 사회 경제적 틀을 비판한다. 이런 면에서 단순히 주류 문화와 소수 문화의 차이를 존중하는 차원에서 벗어나 주류가 소수를 지배하는 메커니즘 분석과 차별 요인을 적극적으로 수행하고 있다고 볼 수 있다.

5. 사회적 정의 실천 지향 교육

적극적 상호문화이해교육이 문화간의 차별을 가져오는 구조를 비판적으로 살펴보았다면, 이보다 더 진일보한 다문화교육 관점이 있다. 문화의 차별을 사회정의라는 측면에서 바라보는 관점이 그것이다. 이런 관점은 차이를 존중하지만, 그로 인한 차별의 해소방안에 초점을 맞추고 있다. 적극적 상호문화이해교육이 구조적 문제를 비판하는 입장이라면, 이 문제를 해결하려는 방안을 적극적으로 제시한다. 그 이유는 이런 차별이 사회정의에 부합되지 않다고 보기 때문이다. 사회정의(정호범, 105)는 자원과 부의 정의로운 분배를 추구하는 분배적 정의관이고 인정의 정치학이다. 인정의 정치학은 다수의 지배적인 문화 규범에 동화되는 것이 더 이상 평등한 존중의 가치가 아니며 차이를 긍정하는 문화를 지향한다. 그래서 이 관점의 다문화교육은 인종, 언어, 장애, 성별, 종교, 계층 등에 따라 존재하는 다양한 집단들 사이의 '불평등 문제의 해소'와 서로 간의 '차이에 대한 인정'이라는 두 가지 목표를 공통적으로 추구(김정남, 이용환,

2011, 109)한다고 볼 수 있다.

다문화교육은 문화적 다양성의 존중과 이해를 위한 일련의 교육적 과정을 통해 문화적 차이에서 오는 사회적 차별을 해결하여 민주주의 가치를 실현하기 위한 전략(김정남, 이용환, 109)이라고 볼 수 있다. 여기에는 문화적 다양성과 차이를 재분배 패러다임이라는 사회경제적인 부정의, 즉 착취, 경제적 주변화, 박탈 등에 초점을 맞추고 있다. 이와 대조적으로 인정 패러다임은 표현, 해석, 소통의 사회적 형태에 뿌리를 두고 있다고 추정되는 문화적인 부정의의 제거를 목표로 한다(정호범, 106). 사회적 정의 지향 교육은 인정과 재분배라는 축의 개념을 중심으로 하고 있다. 이런 관점을 학생들에게 가르치기 위해서는 교육과정에 문화에 대한 사회 정의를 담아야 한다. 다음의 글은 이를 단적으로 보여 준다.

> 인종의 사회적, 역사적 구성, 그리고 그러한 표상과 계층, 성별, 국가 등과의 상호작용을 인식하고, 상이함을 사회에서 어떻게 다루고 있는가를 학생들이 탐색할 수 있도록 교육과정을 재구성한다. 그렇게 함으로써 백인 중심주의(주류집단)의 사회적, 역사적 구성은 더 이상 가치중립적인 것이 아닌 것으로 드러나게 되고, 주류집단 학생들을 포함한 모든 학생들은 자신들의 견해가 왜, 어떻게 주류집단의 관점으로부터 영향을 받고 있는가에 대한 비판과 성찰을 통하여 사회정의 실천을 도모한다.   (나장함, 113)

사회정의를 바탕으로 한 다문화교육은 사회변혁을 위하여 다문화사회의 구조적 문제를 해결하기 위한 것이다. 그러나 그 사회변혁이 사회개혁을 위한 것인지 사회혁명을 위한 것인지에 대한 답을 주어야 할 것이다.

III. 다문화교육의 발전을 위하여

지금까지 다문화교육의 패러다임에 대해서 살펴보았다. 본 장에서는 다문화교육을 동화주의, 통합주의, 다문화주의와 사회적 정의의 실현을 중심으로 살펴보았다. 다문화교육은 그 패러다임에 따라서 강조점을 달리하고 있다(표 1). 이 변화는 사회발전과 함께 그 경향성을 달리하고 있다. 이를 국가주의, 소수자에 대한 사고, 다양성과 지향성을 중심으로 다문화교육을 보면, 국가주의는 동화주의에서 사회적 정의로 갈수록 낮아지고 있다. 국가 통합을 위한 국가시민성을 육성하려는 국가주의는 낮아지고 있다. 소수자에 대한 사고는 결핍 지향에서 차이 존중으로, 다양성은 획일화에서 다양화로, 그리고 지향성은 질서 지향성에서 평등 지향성으로 나아가고 있음을 볼 수 있다. 다문화교육은 다문화 소수자들을 기존 질서에서 살아가는 데 있어서 언어 등의 부족한 존재자로 보고서 이들에게 시혜를 베풀려는 입장에서 사회구성원으로서 차별을 받지 않고 동등한 권리를 가진 존재자로서 인정하는 방향성을 지니고 있다. 다문화교육

〈표 1〉 다문화교육의 패러다임 특성

	동화주의	통합주의	다문화주의: 소극적 상호문화 이해교육	다문화주의: 적극적 상호문화 이해교육	사회적 정의 실천	
높음	◀------------------- 국가주의 -------------------▶					낮음
결핍	◀------------------- 소수자에 대한 사고 -------------------▶					존중
획일화	◀------------------- 다양성 -------------------▶					차이화
질서	◀------------------- 지향성 -------------------▶					평등

은 다양성을 존중하지 않는 획일화에서 벗어나 주류집단과 소수자들이 다양성을 유지하면서 상호 조화를 추구하는 방향성을 지니고 있다. 그 조화를 방해하는 요소들을 제거하여 사회정의를 실현하려는 방향으로 나아가고 있다. 그리고 지향성은 사회나 국가의 질서를 강조하면서 기능적 효율성의 지향에서 사회적 약자로서 소수자들이 피해를 보지 않게 하려는 평등성을 지향하고 있다.

다문화 사회로 진입하면서 다문화교육도 진화하고 있다. 그 진화의 모습도 동화주의, 통합수의, 다문화주의와 사회정의 실천 등으로 변화해 왔다. 다문화교육은 다문화사회의 이상과 그 실현을 위하여 다양한 단계를 거치면서 발전해 오고 있다. 다문화교육은 소극적 상호문화이해교육에서 적극적 상호문화이해교육으로 나아가고 있다. 다문화교육은 차이에서 인정으로, 그리고 개혁과 정의로 나아가고 있다. 특히 글로벌 사회에서는 글로벌 리터러시라는 새로운 역량을 요구하고 있다. 그래서 우리는 다문화와 상호이해를 넘어서 글로벌 다원사회에서의 사회정의를 실천할 능력을 기를 필요가 있다. 다문화교육은 사회정의의 실천을 위한 교육과정, 교육콘텐츠와 교수학습방법 등을 적극적 개발할 필요가 있다.

참고문헌

김선미, 2000, 다문화교육의 개념과 사회적 적용에 따른 문제, **사회과교육학연구** 4, 63-81.

김용신, 2009, 한국 사회의 다문화교육 지향과 실행전략, **사회교육학** 48(1), 13-25.

김정남, 이용환, 2011, 다문화교육의 주요 문제: 불평등과 사회정의, **교육연구** 34, 107-125.

나장함, 2010, 다문화교육 관련 다양한 접근법에 대한 분석, **사회과교육** 49(4), 97-119.

모경환 외 역, 2008, **다문화교육 입문**, 아카데미 프레스.

박남수, 2000, 다문화 사회에 있어 시민적 자질의 육성, **사회과교육** 33, 101-117.

박윤경, 2009, 인권 관점에 기반한 다문화교육: 프로그램 설계 및 실행의 준거, **한국다문화교육학회 국제학술대회 발표자료집**, 357-370.

양영자, 2008, **한국 다문화교육의 개념 정립과 교육과정 개발 방향 탐색**, 이화여자대학교 대학원 박사학위논문.

오영훈, 2009, 다문화교육으로서 상호문화교육: 독일의 상호문화교육을 중심으로, **교육문화연구** 15(2), 27-44.

이경한, 2014, 다문화교육의 연구 경향에 관한 기초 분석, **초등교육연구** 25(2), 전주교육대학교 초등교육연구원, 91-102.

이종하, 2006, 독일의 문화간 이해교육의 실천과 시사점, **한국교육문제연구** 17, 동국대학교 교육연구원, 105-120.

장인실, 2006, 미국 다문화교육과 교육과정, **교육과정연구** 26(4), 27-53.

장한업, 2009a, 프랑스의 이민정책과 상호문화교육, **불어불문학연구** 79, 633-656.

장한업, 2009b, 프랑스의 상호문화교육과 미국의 다문화교육의 비교 연구, **프랑스어문교육** 32, 105-121.

정석환, 2012, 포스트모더니즘에 근거한 한국 다문화교육의 재개념화, **한국교육학연구** 18(2), 25-49

정영근, 2006, 상호문화교육의 일반교육학적 고찰, **교육철학** 37, 29-42.

정영근, 2007, 세계화 시대의 상호문화교육의 목표와 과제, **한독교육학회** 6(1), 1-20.

정영근, 2009, 한국사회의 다문화화에 대한 교육학적 성찰, **교육철학** 44, 113-137.

정창호, 2011, 독일의 상호문화교육과 타자의 문제, **교육의 이론과 실천** 16(1), 75-102.

정호범, 2011, 다문화교육의 철학적 배경, **사회과교육연구** 18(3), 101-114.

최충옥, 조인제, 2010, 다문화교육 연구의 동향과 향후 과제, **다문화교육** 1(1), 1-20.

홍은영, 2012, 포스트식민적 관점에서 본 상호문화교육, **교육의 이론과 실천** 17(1), 143-162.

Banks, J. A., and Banks, C. A. M., 1999, *Multicultural Education: Issues and Prerspectives*(3rd Ed.), Boston : Allyn and Bacon.

Bennett, C. I., 2007, *Comprehensive Multicultural Education*(6th ed.), Boston: Allyn & Bacon.

Castagno, 2009, Making Sense of Multicultural Education: A Synthesis of the Various Typologies Found in the Literature, *Multicultural Perspectives* 11(1), 43-48.

Sleeter, C. E., Grant, C. A., 2009, *Making Choice for Multicultural Education*(6th ed.), New York: john Wiley and Sons.

7장

국제이해교육 관점에서 문화다양성교육 탐색

I. 서론

국제이해교육은 유엔 산하 기구인 유네스코가 1974년 국제이해교육 권고안을 제시하면서 큰 방향성을 가졌다고 해도 과언이 아니다. 이 권고 안은 국제이해교육을 '사회적, 정치적 제도가 서로 다른 민족과 국가 간 우호주의와 인권 및 기본 자유의 존중을 토대로 하는 것'(유네스코, 1974, 1)이라고 표현하고 있다. 그리고 국제이해교육의 교육목표를 '모든 수준 및 모든 형식의 교육에 국제 차원과 세계적 시각에서의 접근, 모든 민족, 그들의 문화, 문명, 가치와 생활양식에 대한 이해와 존중, 민족 간 그리고 국가 간 범지구적 상호의존 관계가 증대한다는 사실에 대한 자각, 타인과 의사소통능력, 개인, 사회집단 및 국가 상호 간 상대방에 대한 권리뿐만 아니라 의무에 대한 자각, 국제연대와 협력의 필요성에 대한 이해, 그리 고 사회, 국가 및 세계 전체 문제해결에 자발적 참여'(유네스코, 2)로 제시하였다. 이런 목표를 가지고 시작한 국제이해교육은 미국 등의 강대국들이 상대적으로 약소국가에 대해 이해를 돕는 목적으로 주로 강대국의 약소국에 대한 지원, 저개발의 개선, 교육 지원 등의 사업을 시행하였다. 그러나 이와 같이 시행해 온 국제이해교육은 20세기 말에 접어들면서 단일국가 중심으로는 국제 문제를 해결하는 데 어려움이 있음을 인식하였다. 그 결과, 세계 평화를 실현하기 위해서는 국제이해교육에서 상대의 다른 나라에 대한 이해가 매우 중요함을 알게 되었다.

이런 변화는 강대국 중심의 국제적이라는 관점보다는 하나의 단위체로 세계를 보는 글로벌이라는 관점으로의 사고 전환을 가져왔다. 이것은 곧 국제이해교육도 새로운 관점을 요구받게 되었다. 그래서 국제이해교육은 세계를 하나의 시스템으로 이해하는 교육, 타자의 관점에서 세계를 바라보는 교육, 세계의 상호의존을 강조하는 교육, 문화 간의 이해를 강조하는 교육 등을 다루게 되었다.

이 중에서 문화 간 이해의 증진을 위한 교육은 21세기로 접어드는 과정에서 더욱 강조되었다. 이것은 우리가 다양한 인종, 민족, 문화, 언어, 종교 등의 사회 속에서 살고 있기 때문이다. 이런 사회를 다원화, 다문화, 다인종 사회 등으로 지칭한다. 그러나 우리의 일상생활에서는 개인, 국가, 세계 간의 상호의존성과 상호영향력이 증가하고 있고, 또한 이들 간의 이해관계로 인한 갈등도 증가하고 있다. 여기서 발생하는 갈등 문제를 해결하는 출발점은 서로 간의 문화에 대한 이해라고 볼 수 있다. 역지사지의 관점으로 문화 간의 차이를 인정하는 문화다양성의 이해는 국제이해의 중요한 축을 형성한다. 문화다양성을 이해하는 교육은 국제이해를 하는 데 있어서 매우 큰 의미가 있다고 볼 수 있다. 그래서 본 장에서는 국제이해교육 측면에서 문화다양성의 의미를 살펴보고, 문화다양성을 지향하는 교육 방법을 비판적으로 살펴보고자 한다.

II. 국제이해교육에서 문화다양성의 의미

 문화다양성(cultural diversity)은 타문화를 이해하는 데 있어서 기본적인 사고이다. 타문화의 이해라는 측면에서 볼 때, 문화다양성은 집단과 사회의 문화가 표현되는 다양한 방식을 의미한다(임운택, 2011). 다시 말하여 이것은 언어나 의상, 전통, 사회를 형성하는 방법, 도덕과 종교에 대한 관념, 주변과의 상호작용 등 사람들 사이의 문화적 차이를 포괄하고 있다.
 문화다양성의 핵심적 개념은 문화와 다양성이다. 문화는 사회를 구성하는 주체들이 가지는 생활양식(jenre de vie)이다. 문화는 언어, 인종, 종교, 전통, 제도 등 다양한 요소를 가지고 있다. 이런 다양한 요소는 지역, 인종, 종교 등에 따라서 그 차이가 크게 나타난다. 그래서 문화는 차이, 즉 다름을 필연적으로 지닐 수밖에 없다. 하지만 문화는 우리의 삶을 지배하고, 사고와 행동을 지배하는 경향이 있다. 그래서 서로 간의 이해를 하는 데 있어서 가장 좋고 적절한 방법은 문화를 이해하는 것이다. 당연히 문화의 이해는 자신의 입장이 아닌, 타자의 입장에 서야 제대로 이해할 수 있다. 이런 점으로 인하여 문화는 다양성의 존중을 전제로 한다. 곧 문화는 차이의 다양성이라고 볼 수 있다.
 다음으로 다양성을 살펴보면, 다양성의 사전적 정의는 '여러 가지 양상을 가진 특성'이다. 이종일(2010)은 다양성을 가치중립적 차원의 '일상적인 의미'의 다양성, '이종성(異種性)'의 의미로서 다양성, '상호의존적 의미' 차원의 다양성, '평등 차원'의 다양성, 그리고 사회적 소수자에게 실질적인 공정성을 보장하는 '적극적 의미 차원'의 다양성의 5가지 차원으로 구분하였다. 그는 '일상적인 의미'의 다양성과 '이종성(異種性)'의 의미를 인간이 다양성을 인지하고 이해하지만 그 가치를 인식하지 못하는 단계 (이종일, 2010, 109)로 보았다. 그리고 '상호의존적 의미' 차원의 다양성, '평등 차원'의 다양성, 그리고 '적극적 의미 차원'의 다양성을 평등이라는 이념의 다양성을 수용하고 인식하고 실천으로 나아가는 단계(이종일, 110)로 보았다.

이 다양성들은 Wood의 분류, 즉, '미국에서 인종, 민족과 관련된 실제 상황'을 의미하는 다양성 I과 '인종과 민족이 혼합된 미국 사회가 그런 현실을 어떻게 인식해야 하고 머릿속에 들어 있는 생각'을 의미하는 다양성 II(Wood, 2003; 김진석 역, 2005, 63)로 재분류할 수 있다. 이 중에서 '일상적인 의미', '이종성(異種性)의 의미'는 다양성 I에, 그리고 '상호의존적 의미', '평등 차원'의 다양성과 '적극적 의미 차원'의 다양성은 다양성 II에 해당한다. 다양성 I은 우리 사회에서 다양하게 존재하는 실재의 다양성이고, 다양성 II는 다문화 사회에서 추구하고자 하는 가치의 다양성이다. 그래서 다양성은 서로 다름으로 인한 실재 차이와 서로 다름을 존중하고 실현하려는 가치 차이로 볼 수 있다.

이와 같이 분류한 다양성에 문화를 적용해 볼 수 있다. 먼저, 실재의 다양성으로서 문화다양성은 고정된 차이를 통해 삶의 형식에 분리되어 다름으로 존재하는 다수 문화의 공존/존재를 의미한다(이용재, 2011, 184). 그리고 더 나아가 삶의 형식에서 미처 분리되지 않고 지속적으로 분기하며 차이를 생성하는 삶의 형식, 재현의 형식으로서 문화가 가지는 다양성 그 자체를 의미하는 것으로(이용재, 184-185) 이해할 수 있다. 다음으로 가치의 다양성으로서 문화다양성은 우리 사회가 다양한 가치를 동반한 문화로 구성되어 있으며, 문화가 가지고 있는 그 다양성을 존중하는 사회로 나아가야 함을 의미한다.

또한 문화다양성은 접근하는 방식에 따라서 크게 둘로 볼 수 있다. 그 하나는 문화다양성에 관한 문제들을 특정 사회 '내부'의 문제로 파악하는 접근방법이다. 각 개인들이 가지는 다양한 정체성과 서로 다른 문화적 특징들이 합쳐져서 한 국가의 정체성이나 다른 형태의 정체성이 구성된다고 본다. 이 방식은 기본 인권, 문화적 민주주의 촉진, 모든 소수자들의 동등한 참여에 초점을 맞춘다(박애경, 2011, 27). 다른 하나는 다수의 국가, 사회, 문화들 사이의 문화다양성이다. 특히 이런 관점에서의 다양성은 국가 간, 문화 간에 문화적 상품과 서비스의 균형 잡힌 교류를 상징하는 원칙(박애경, 27)으로 작용하고 있다. 여기서 문화다양성은 문화의 '안'과 문화들 '사이'에서 다양성을 존중한다. 특히 문화 간의 다양성 존중은 국내뿐만 아니라 국제사회에도 매우 중시해야 한다. 그래서 문화다양성은 문화가 다름의 인정에서 그 다름의 추구로 나아가야 함을 의미한다. 문화의 다름은 곧 다양성으로서, 우리가 추구해야 할 중요한 가치이다. 이런 다름은 그 공간적 범위에 따라서 지역 내에서와 지역 사이에서 다른 양상으로 나타날 수 있다.

이렇게 볼 때, 문화다양성은 기본적으로 문화적 차이를 인식하고 존중하는 데 초점을 맞추고 있다. 문화다양성은 서로의 다름으로 인한 실재 차이와 서로의 다름을 존중하고 실현하려는 가치 차이로 볼 수 있다. 그리고 문화다양성은 문화의 '안'과 문화들 '사이'에서 다양성을 존중한다. 특히 문화 간의 다양성 존중은 국내뿐만 아니라 국제사회에도 매우 중시해야 한다. 이를 국제이해교육 측면에서 보면, 문화다양성은 국가 '사이'의 다양성을 강조할 수 있다. 이 사이의 차이를 잘 보여 주는 콘텐츠를 문화로 볼 수 있다. 그래서 국제이해교육 측면에서 문화다양성은 주로 국가 사이에서 나타나는 문화의 차이에 초점을 둔다고 말할 수 있다. 그리고 국가 간의 다양한 문화는 그 장소에서 살아가는 사람들의 가치에 영향을 주고, 이 다양성은 또 다른 다양성을 유발하고 확장시키는 데 중요한 역할을 수행하고 있다.

III. 문화다양성을 위한 교육방법 탐색

1. 유네스코의 문화다양성 선언

유네스코는 국제이해교육에서 문화다양성을 증진하기 위한 교육에 많은 관심을 가졌다. 유네스코는 문화다양성의 소중함을 인식하고서 여러 차원에서 이를 권고하였다. 먼저, 유네스코는 1974년에 파리에서 개최한 제18차 총회 '국제이해, 협력, 평화를 위한 교육과 인권, 기본 자유에 관한 교육 권고'안을 채택하였다. 이 권고안에서 문화다양성과 관련된 기본 원칙은 '국내 민족 문화와 타민족 문화를 포함한 모든 민족, 그들의 문화, 문명, 가치와 생활양식에 대한 이해와 존중'(유네스코, 1974)이다. 이 권고안은 기본적으로 문화에 대한 이해와 존중을 원칙으로 하는 것이 문화 간 이해의 핵심임을 보여 주었다. 그리고 이 교육을 위한 '학습, 훈련, 행동의 상세한 측면' 중 문화적 측면에는 유네스코의 문화다양성교육을 위한 구체적인 권고 내용이 제시되어 있다.

회원국은 회원국 간의 차이를 상호 존중하고 더 잘 이해하기 위해 여러 교육 단계와 유형에서 서로 다른 문화, 상호 영향, 서로의 시각과 생활 방식에 대한 연구를 촉진해야 한다. 이러한 연구에서는 무엇보다도 외국어, 외국 문명과 문화유산에 대한 교육을 국제이해 및 문화 간 이해를 증진하는 수단으로 중시해야 한다. (유네스코, 1974)

다음으로 유네스코는 2001년 제31차 유네스코 총회에서 '세계 문화다양성 선언'을 채택하였다. 이 선언의 제1조에서 그 의미를 확인할 수 있다.

문화는 시간과 공간에 따라 다양하게 나타난다. 이러한 다양성은 인류를 구성하고 있는 각각의 집단과 사회의 독특함과 다원성 속에서 구현된다. 생물다양성이 자연에 필요한 것과 같이 교류, 혁신, 창조성의 근원으로서 문화다양성은 인류에게 필요한 것이다. 이러한 의미에서, 문화다양성은 인류의 공동 유산이며 현재와 미래 세대를 위한 혜택으로 인식되고 확인되어야 한다. (유네스코 한국위원회, 2008, 284)

이 선언에서 유네스코는 문화를 공동체 사회의 성격을 나타내는 정신적, 물질적, 지적, 감성적 특성의 총체이며, 함께 사는 방법으로서의 생활양식, 인간의 기본권, 가치, 전통과 신앙 등을 포함하는 개념(김이섭, 2006, 149)으로 정의하였다. 그리고 세계 문화다양성 선언의 제2조에서 문화다양성을 "인류의 공동유산이며 현재와 미래 세대를 위하 혜택으로 인식되고 확인되어야 한다."(유네스코 한국위원회, 2008, 284)고 선언하였다. 또한 다양한 문화적 배경을 지닌 사람들과 집단의 참여와 포용을 증진하기 위해 인류의 문화유산을 보호하고, 다양한 언어의 표현, 창조, 전파를 지원해야 한다고 했다.

유네스코의 권고안과 선언을 보면, 문화다양성이 생물종 다양성과 같이 소중한 인류 유산임을 강조하고 있으며, 서로 다른 문화에 대한 연구를 통하여 국가 간의 차이를 상호 존중할 수 있다고 말하고 있다. 이 점은 문화다양성을 국제이해를 위한 필요조건이다. 그리고 국제이해교육에서 문화다원주의를 토대로 한 글로벌 문화다양성의 소중함을 보여 주고 있다.

2. 문화다양성을 위한 교육방법 검토

문화다양성을 기르기 위한 교육이 문화다양성교육이다. 문화다양성을 위한 교육은 '문화다양성의 핵심 가치를 내재화할 수 있도록 돕는 교육'이자 '인종이나 성, 신체(장애), 지역, 계층, 종교, 연령 등의 서로의 문화 차이를 인정하고, 존중하며 소통하는 능력을 길러 줌으로써 더불어 살아가는 사회공동체 형성에 기여하는 구성원으로서 준비시키는 교육'(설규주, 2012, 3)이다. 문화다양성을 존중하기 위한 교육방법으로는 다문화교육, 상호문화교육, 이문화교육 등이 있다. 여기서는 이 교육방법들이 문화다양성을 다루는 내용과 그 특성들을 살펴본 후, 국제이해교육에 주는 의미와 한계를 살펴보고자 한다.

가. 다문화교육과 문화다양성

먼저, 다문화교육을 살펴보면 다문화교육은 1960년대 민권운동으로 시작되었다. 1960년대 민권운동의 주요 목적은 공공시설, 주택, 고용과 교육에서 차별을 제거하는 데 있었다(Banks and Banks, 1999, 5). 이렇게 시작한 다문화교육은 "학생들로 하여금 다른 문화의 관점을 통해 자신의 문화를 바라보게 함으로써, 자기 이해를 증진시키는 데 목적을 두고 있다. … 다문화교육은 다양한 문화집단의 학생들이 자신이 속한 문화공동체는 물론, 지역공동체, 국가공동체, 세계 공동체의 일원으로서 살아가는 데 필요한 지식, 기능, 태도를 습득하도록 하는 데 목적을 두고 있다."(Banks, 2008; 모경환 외 역, 2008, 2-8)고 정의하였다. 이 정의는 다문화교육이 '다른 문화의 관점'을 통하여 '소수집단이 겪는 고통과 차별을 감소시키고', '다양한 문화집단의 학생들이 자신이 속한 공동체는 물론, 지역공동체, 국가공동체, 세계 공동체의 일원으로서 살아가도록' 하는 데 중점을 두고 있음을 강조하고 있다. 이것은 유네스코의 '국제이해, 협력, 평화를 위한 교육과 인권, 기본 자유에 관한 교육 권고'의 기본 원칙인 '국내 민족 문화와 타민족 문화를 포함한 모든 민족, 그들의 문화, 문명, 가치와 생활양식에 대한 이해와 존중'과 일맥상통하고 있다. 그래서 다문화교육의 출발점은 다수의 지배적인 문화 규범에 동화되는 것이 더 이상 평등한 존중의 가치가 아니며, 차이를 긍정하는 문화를 지향한다(정호범, 2011, 105)는 점에 있다. 기본적으로 주류 문화를 중심으로 소수 문화를 동화시키려는 동화주의를 부정하고 있다. 그리고 이 관점은 소수 문화가 주류 문화에 비해서 부족하다고 전제하는 결핍 가설이 아닌, 문화의 차이를 인정하는 차이 가설을 받아들이고 있다. 그래서 다문화주의는 타자를 분리하고 차별화시킴으로써 그들을 결핍, 심지어는 장애를 가진 존재로 간주하는 '결핍 가설'에 대해서 비판(정창호, 2011, 80)적인 입장을 지니고 있다. 다문화교육은 '문화적 상대성을 인정하고'(장한업, 2009), 차이를 명백히 드러냄으로써 사회조직의 복수적 구성을 인정하도록 한다.

다문화교육이 전수해야 할 교육내용은 타자의 문화에 대한 '합의'와 '이해'가 아니라 타자의 문화에 대한 '차이의 인정'이다. 그러나 그 차이의 인정이 곧 차이를 줄이는 노력으로 이어지는 것이 아니라, '차이는 차이일 뿐이고 또 다른 차이를 접했을 때 그 차이 또한 차이일 뿐'이라는 허용적이며 관용적인 시각의 확장을 의미할(정석환, 2012, 42) 수도 있다. 그래서 다문화교육이 인정의 정치학으로 흐름을 비판하면서, 다문화교육이 문화적 다양성의 존중과 이해를 위한 일련의 교육적 과정을 통해 문화적 차이에서 오는 사회적 차별을 해결하여 민주주의 가치를 실현하기 위한 전략(김정남, 이용환, 2011, 109)여야 한다는 주장도 제기되었다.

다문화교육은 미국을 중심으로 발전하였다. 미국은 다양한 인종집단이 순차적으로 들어와 구성한 모자이크 형태의 국가로 민족 또는 인종별로 배타적인 공간을 가지고 있는 경우가 많았다. 그 결과, 미국의 다문화주의는 문화적 다양성의 확인이나 서술 차원에 그치고, 다문화교육은 타문화에 대한 지식과 이해를 강조하는 경향을 띠었다. 이런 다문화주의를 바탕으로 한 다문화교육은 다음과 같은 한계를 나타낼 수 있다(장한업, 2009, 109-110). 즉, 첫째, 다문화주의는 거부와 배제의 태도를 조장할 수 있다. 둘째, 개인을 집단 속에 가두어 버리면 사회적 유동성이 제한될 수밖에 없다. 셋째, 다문화주의는 집단과 문화가 점점 다양한 형태와 색깔을 띨 수 있다는 사실을 은폐할 수 있다. 넷째, 문화적 변인을 지나치게 강조하다 보면 상대적으로 다른 변인을 경시할 수 있다. 다섯째, 개인의 자율성을 경시할 수 있다.

이를 통해서 볼 때, 다문화교육은 다양성 자체를 위한 다양성에 머물거나 문화의 다양성 속에 존재하는 관력 관계의 근원을 분석하는 데 소홀할 수 있다. 다문화교육이 주로 한 국가 내에서 문화다양성을 인정하는 데 보다 초점을 두고 있다. 이것은 문화다양성을 현상으로서만 인식하도록 하여 타자의 문화에 대한 고정관념을 형성하게 만듦으로써 다양성의 인식 가능성을 제한시킬 수 있다. 그리고 국가 내에서의 문화다양성을 강조하여 국가 간의 문화다양성에 대한 이해가 부족할 수 있다.

나. 상호문화교육과 문화다양성

미국을 중심으로 국내에서 문화의 다양성을 존중하려고 출발한 다문화교육은 일정한 한계를 나타냈다. 그리고 유럽, 특히 독일과 프랑스에서는 상호문화교육[1]이 제시되었다. 프랑스에서 상호문화교육이 출현한 배경(장한업, 2009, 115)은 첫째는 유럽회의가 학교에서 상호 문화적 접근을 확대하고 문화정체성을 상호 개방하는 것은 매우 유익하다고 보고 이를 적극 권장하였기 때문이었고, 둘째는 이민노동자 귀국 지원 정책이 가시적인 실효를 거두지 못했기 때문이고, 셋째는 출신 언어, 문화교육을 이민 자녀만을 대상으로 실시할 경우 그들의 고립감만 가중시킨다는 비판이 있었기 때문이다. 독일 또한 '동화주의 교육 프로그램에 대한 비판의 대안으로 타문화의 고유성과 상이성을 이해하는 '상호문화' 교육 프로그램이 제시되었다. 이 '상호문화' 교육 프로그램은 한 사회를 구성하는 사회집단들의 고유한 문화적 특성이 다양하게 존재하고 있으며, 주류집단의 문화와 비주류집단의 문화들이 동등하게 존중되어야 한다는 인식에서 출발'(오영훈, 2009, 33-34)하였다. 이렇게 출발한 상호문화교육은 '소수자를 다수자에 동화시키려는 동화주의, 소수를 다수가 인정하고, 그 차이를 존중하는 소극적인 다문화주의보다는 타자의 문화적 동일성과 정체성을 인정해 주면서 상호성을 바탕으로 상호 간의 소통을 모색하는 소위 상

---

1. 이 용어는 상호문화교육, 문화 간 이해교육, 상호문화이해교육 등으로 사용되고 있다. 이것은 intercultural education을 번역한 것으로, 그 어의는 같다고 볼 수 있다. 여기서는 원문에 가장 가까운 용어인 상호문화교육으로 사용하고자 한다.

호-문화주의(inter-culturalism) 형태로 나아가'(최신일, 2010, 198-199)고
있다.

　이런 배경으로 출발한 상호문화교육은 고유한 문화를 발전시키는 능
력, 다른 문화와 성공적인 의사소통능력, 상호문화적 상황에서 문화 간
의미층위를 연결시킬 수 있는 능력을 학습하는 것을 의미한다(이종하,
2006, 110). 이 정의를 토대로 보면, 상호문화교육의 중요 개념은 다문화
성과 문화 간 이해 능력이다. 여기서 다문화성은 언어적, 인종적, 문화적
으로 다양화되어지는 과정의 (중간) 결과에 대한 묘사이다. 그리고 문화
간 이해 능력은 문화 간의 차이와 공통성을 발견하는 능력, 이문화적 시
각에서 자신의 사고, 행위, 태도, 관념의 문화적 종속성에 대한 반성 능
력, 의사소통능력과 특별한 상황에서 적절한 의사소통 전략 수립 능력,
(비판적) 관용과 역설적 상황 설정 능력, 이문화의 동료와 협력, 통합 능력
이다. 이 점은 상호문화교육이 문화 간의 차이인 문화다양성의 인정을 바
탕으로 하여, 문화 간의 이해 능력을 높여야 함을 의미한다. 이 이해에서
는 단순한 관용을 넘어서 협력과 통합 능력도 요구하고 있다. 그래서 상
호문화 교육은 사회구성원들이 타문화에 대한 편견과 고정관념을 줄이
고, 서로 다른 문화집단에 속하는 사람들이 한 사회 속에서 서로 평등하
게 상호 공존할 수 있도록 하는데(오영훈, 2009, 34) 궁극적인 지향점을 두
고 있다. 이런 사고는 다문화사회에서 소수민족의 사회통합 및 고유함의
발현을 위한 교육이라는 관점을 넘어 인간 모두에게 보편성을 지닌 교육
의 한 부분으로 그 의리를 확대하게 되었다(정석환, 2012, 33). 그래서 다
문화교육의 자민족중심주의 혹은 자민족중심주의적 성격을 극복하고 타
문화의 지위와 권리를 인정하는 보다 확대된 시각을 바탕으로 수용적으
로 연산한 결과가 상호문화주의(inter-culturalism)라는 구조(정석환, 2012,

33)를 지니고 있다. 더 나아가 상호문화교육은 문화적 다양성의 존중과 이해를 위한 일련의 교육적 과정을 통해 문화적 차이에서 오는 사회적 차별을 해결하여 민주주의 가치를 실현하기 위한 전략이기도 하다.

상호문화교육(장한업, 2009, 117-118)은 다문화교육에 비해서 이질성, 표상, 편견, 고정관념, 정체성 등을 주된 주제로 내세운다. 또한 문화적 다양성에 대한 행동의 차원에 비중을 두고 있고, 상호문화교육은 문화의 이해보다는 문화들 간의 만남을 강조하고 있다. 그러므로 상호문화교육은 문화다양성에 대한 보다 적극적인 접근이다. 즉, 다문화교육의 차이 존중 사고에서 진일보하여 그 차이를 적극적으로 극복하면서 타문화를 이해하려는 교육이다. 다양성을 넘어 다양성이 가지는 사회문화적 배경을 적극적으로 이해하여, 소수집단의 문화 정체성을 존중하고 있다. 하지만 문화적 차이의 존중과 이해를 목표로 한 상호문화교육이 편파적으로 문화적 상이성에 초점을 두고 각각의 이주한 소수집단과 주류집단의 표면상의 본질적이고 동질적인 문화개념을 묵시적으로 전제함에 문제가 있다(홍은영, 2012, 147)는 비판을 받기도 한다.

다. 이문화교육과 문화다양성

일본의 이문화교육에 대한 관심은 1996년 7월 제15기 중앙교육심의회 제1차 답신 '21세기를 전망한 우리나라 교육의 모습'에서 본격적으로 제시되고 있다. 이 답신에서는 초등학교의 외국어교육에 대해서 필수 교과로서는 실시하지는 않았지만, 국제이해교육의 일환으로 재량수업 시수를 활용하거나 특별활동 시간에 실시할 수 있다는 점과 지역이나 학교의 실태에 따라 아이들에게 외국어, 예를 들면 영어회화를 접할 기회나 외국의 생활, 문화 등에 친숙해질 기회를 가지도록 해야 한다고 생각한다는 의견을 밝히고 있다(이은송, 2010, 135). 이렇게 도입된 이문화교육은 문화 간 상호이해를 추구하는 이문화 간 커뮤니케이션의 증진에 관심을 두고, 초등학생들의 이문화에 대한 이해를 체험을 통하여 추진(이은송, 136)하였다.

이를 통해서 볼 때, 이문화는 서로 다른 문화를 의미하고, 이문화교육은 서로 다른 문화의 이해를 위한 교육이다. 이문화교육의 핵심개념은 문화의 고유성, 문화교류와 다차원적 가치관이다. 그래서 이문화교육는 문화와 문화 사이의 접촉 과정에서의 상호교류와 작용을 강조하고(박진현, 2002, 11) 있다. 이 점은 유네스코가 지향하는 교육목표인 '각 민족이 가지고 있는 독특한 문화양식의 이해와 문화적 상대주의를 긍정적으로 수용하는 태도, 그리고 문화교류의 과정에 있어서 전통 문화와 외래문화와의 갈등에 대한 이해'(유네스코 한국위원회, 1974, 90)와 맥을 같이 한다.

이문화교육은 문화의 차이, 즉 문화다양성을 인정하는 데서 출발하고 있다. 그러나 그 출발은 자국 문화에 중심을 두고, 다른 문화의 차이점을 살펴보도록 하는 교육에서 시작하였다. 이것은 문화 간 이해교육의 초보적인 수준으로 볼 수 있다. 2000년대에 '다문화 공생'이란 관점이 일본 주요 정책에 강력하게 대두되었다(이은송, 2010, 136). 다문화 공생은 타자에 대한 이해와 소통을 전제로 삼고 있다. 이것은 상호문화교육의 모습이다. 이를 통해서 보면, 이문화교육은 문화다양성의 이해를 토대로 국제이해교육의 한 단면이고, 다문화 공생 교육은 문화이해교육으로의 진전을 보여 주고 있다.

3. 문화다양성교육과 국제이해교육

다문화교육, 상호문화교육과 이문화교육에서 문화다양성을 다루는 입장을 살펴보았다. 이들은 저마다 특성을 유지하고 있다. 다문화라는 용어는 인간 사회의 문화적으로 다양한 특성을 의미한다. 이것은 민족이나 국가 문화의 요소를 언급할 뿐만 아니라 언어, 종교와 사회 경제적 다양성을 내포하고 있다(UNESCO, 2006, 17). 다문화교육은 다문화주의에 토대를 두고서 자국 내에서의 문화 간의 차이를 긍정하도록 한다. 문화 간 차이를 인정함으로써 문화다양성에 접근하고자 하고 있다. 그래서 다문화교육은 타문화를 받아들이거나 적어도 다른 문화에 대한 관용을 기르기 위하여 타문화에 관한 학습을 이용한다(UNESCO, 2006, 18). 그러나 다문화교육은 주어진 국가 체제 안에서 주류집단의 문화가 중심을 이루는 한계가 있다. 동화주의의 틀 안에서 다양한 문화를 받아들이고, 소수 문화에 대한 시혜주의를 안고 있다.

다음으로 상호문화성은 문화집단 간의 관계를 증진시키는 의미를 지닌 동적 개념이다. 이는 다양한 문화의 존재와 이의 균등한 상호작용과 대화와 상호 존중을 통한 문화적 표현의 창출 가능성이다. 이 상호문화성은 다문화주의를 전제로 하고, 고장, 지역, 국가 혹은 세계적 수준에서 문화간 교류와 대화의 결과이다(UNESCO, 2006, 17). 유럽을 중심으로 시작된 상호문화교육은 문화 간의 차이를 이해하고, 상호문화주의를 바탕으로 적극적인 문화간 편견 극복 등을 지향한다. 상호문화교육은 소극적인 공존을 뛰어넘어 다양한 문화 집단에 대한 이해, 이의 존중과 이들 간의 대화를 통하여 다문화 사회에서 더불어 살고 지속가능한 삶의 방식을 성취하는 데 목적이 있다(UNESCO, 2006, 18). 이는 문화의 상호주의 입장을 토대로 문화의 편견까지도 극복하려는 적극적인 의지를 보이고 있다.

그리고 일본을 중심으로 한 이문화교육은 자국 입장에서의 타문화 이해교육으로 볼 수 있다. 이것은 문화 이해의 초기 모습을 반영하고 있으며, 문화다양성에 대한 낮은 수준의 접근이라고 볼 수 있다. 그 이유는 이문화교육이 동화주의에서 약간 벗어나 통합주의 수준을 보이기 때문이다.

문화다양성에 대한 교육방법은 입장에 따라서 그 성격이 약간씩 다르지만, 그 출발은 문화 간의 차이를 인정하고 이해하는 교육이라는 점에서 공통점이 있다. 그리고 다문화교육, 이문화교육과 상호문화교육은 문화 간의 차이를 인정하는 수준에서 문화의 상호 동등성을 바탕으로 한 문화교류, 문화편견 극복 등으로 나아가면서 차별적으로 문화다양성을 다루고 있음을 볼 수 있다. 이 세 가지의 방법 중에서 상호문화교육은 문화다양성을 가장 적극적으로 견지하고 있다. 특히 다문화교육은 문화에 대한 지식과 이해를 강조하고 있는 반면, 상호문화교육은 문화의 이해보다는 문화 간의 만남을 강조하는(장한업, 2009, 118) 특성을 지니고 있다. 그러나 이들은 문화다양성을 국가 간, 민족 간 등 상위 스케일에서의 실현하고자 하는 방법은 부족함이 있다. 다문화교육은 국가 내의 문화 차이를 강조하고, 상호문화교육과 이문화교육은 자국 문화와 유입 문화의 차이를 강조하기에 보다 큰 스케일의 세계시민적 차원에서 문화다양성교육을 수행하는 데 그 실천력에서 취약성을 지니고 있다.

Ⅳ. 국제이해교육에서 문화다양성교육을 위하여

지금까지 국제이해교육의 관점에서 문화다양성의 의미, 유네스코 선언에서의 문화다양성, 문화다양성을 위한 교육방법, 문화다양성 접근방법들의 문제를 살펴보았다. 그 결과, 문화다양성의 개념은 유네스코의 선언에서 매우 중요한 의제로 설정되어 있고, 이는 국제이해교육에서 문화다양성을 존중하는 데 있어서 중요한 지침을 주기에 충분하다.

문화다양성 개념은 기본적으로 문화적 차이를 인식하고 존중하는 데 초점을 맞추고 있다. 즉, 문화다양성은 서로 다름으로 인한 실재 차이와 서로 다름을 존중하고 실현하려는 가치 차이로 볼 수 있다. 국제이해교육에서의 문화다양성은 바로 그 '사이'의 다양성을 강조한다. 국제이해교육 측면에서 문화의 다양성은 주로 서로 간의 사이에서 나타나는 문화의 차이에 초점을 둔다. 이에 토대를 둔 다문화교육, 상호문화교육과 이문화교육은 문화다양성을 신장하기 위하여 노력을 해 왔다. 이들은 국내외에서 문화 차이를 이해하고 존중하려는 시도를 해 오고 있다. 그러나 국제이해교육 측면에서 볼 때, 이들은 국가 간, 민족 간의 문화 차이에 대한 이해에서 다소 부족함을 보이고, 글로벌 시민교육을 지향하는 교육에는 부족함이 있다. 단순히 문화의 다양성을 이해하는 수준에서 벗어나 문화 간의 차이를 가져오는 원인과 그 대책에 대해서 관심을 가질 필요가 있다

문화다양성은 국내, 국가 간 그리고 글로벌 수준에서 다차원적으로 영향을 주고 있다. 그리고 문화의 다양성 수준에 따라서 다문화, 상호문화 그리고 글로벌 문화로 우리의 삶에 나타난다. 이렇게 나타나는 문화다양성은 다문화교육, 상호문화교육, 이문화교육 그리고 글로벌 시민교육의 차원에서 교육이 이루어지고 있다.

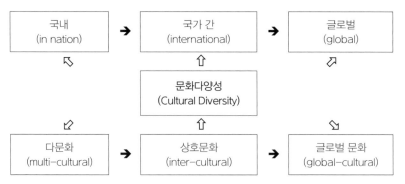

〈그림 1〉 국제이해교육에서 문화다양성의 위치

국제이해교육에서 문화다양성은 중요한 축이다(그림 1). 국가 간의 이해를 돕는 교육으로서 국제이해교육은 국가 간 문화의 차이를 존중한다. 그것은 문화가 국가에 따라서 다양하고 국가를 이해하는 데 문화가 중요한 토대를 형성하기 때문이다. 더욱이 국제이해교육이 세계시민을 양성하는 데 목표를 두는 경우, 자국 문화와 유입된 문화, 자국 문화와 타국 문화, 타국 문화와 유입된 문화 간에 일어나는 갈등이나 충돌을 극복하고 사회나 국가의 통합을 지향하는 데 있어서 문화다양성을 이해하는 것이 매우 필요하다. 그래서 문화 차이의 존중은 국제이해교육의 중심 역할을 한다. 더 나아가 국제이해교육은 상호 간의 문화 이해를 넘어서 그 문화를 담지하고 있는 주체들 간의 조화를 추구한다.

이런 맥락에서 볼 때, 국제이해교육은 문화다양성을 바탕으로 국가 간의 이해를 도모하고, 문화다양성의 이해를 토대로 하여 국제이해를 실현하고자 한다. 또한 국제이해교육은 문화다양성의 이해를 토대로 문화 간의 차별을 극복하여 글로벌 사회를 실현하고자 한다. 그래서 국제이해교육에서 문화다양성은 출발점 개념이라고 볼 수 있다. 이 점은 유네스코의 "모든 학습자들이 개인, 인종적, 사회적, 문화적 그리고 종교적 집단과 국

세계시민교육과 지리교육

가 간의 존중, 이해와 연대에 기여할 수 있도록 모든 학습자에게 문화적 지식, 태도와 기능을 제공한다."(UNESCO, 2006, 32)라는 원리에서도 확인할 수 있다. 여기서 국가 간의 존중, 이해와 연대에 기여할 수 있게 문화적 지식, 태도와 기능을 제공하는 점을 주의 깊게 볼 수 있다. '국가 간'이라는 측면이 국제이해교육에서 특히 강조될 수 있다. 더 나아가 국가 간을 넘어선 '글로벌' 단위의 국제이해도 중시되고 있다. 그리고 그 내용으로서 문화다양성을 다루고 있다. 그래서 국제이해교육에서는 국가 간, 그리고 글로벌 수준에서의 문화다양성의 존중, 이해와 실천을 중시한다고 볼 수 있다.

참고문헌

김영환, 2010, 유럽에서 문화적 다양성의 수용, **유럽헌법연구** 8, 57-86.

김이섭, 2006, 유럽과 유네스코의 문화정책과 '문화다양성', **하인리히 뵐 학술지** 제6집, 139-154.

김정남, 이용환, 2011, 다문화교육의 주요 문제: 불평등과 사회정의, **교육연구** 34, 107-125.

김진석 역, 2005, **다양성: 오해와 편견의 역사**, 서울: 해바라기. [Wood, P., 2003, *Diversity: the Invention of a Concept.*]

나장함, 2010, 다문화 교육 관련 다양한 접근법에 대한 분석: 이론과 교육과정 변형을 중심으로, **사회과교육** 49(4), 97-119.

노재봉, 김순임, 2011, 이문화교육을 위한 프로그램 모델, **독일언어문학** 54, 277-304.

박남수, 정수권, 서경석, 2007, 초등학생들의 세계시민성 육성을 위한 지역사회 연계 세계교육 모형 및 프로그램 개발, **사회과교육연구** 14(4), 213-240.

박선희, 2009, 유네스코 「문화다양성협약」과 프랑스 전략, **한국정치학회보** 43(3), 195-218.

박애경, 2011, **글로벌 문화다양성의 재현 의미: 유네스코 협약을 중심으로**, 서울교육대학교 교육대학원 석사학위논문.

박진현, 2002, **사회과 이문화(異文化) 교육에 관한 연구**, 부산교육대학교 교육대학원 석사학위논문.

모경환, 최충옥, 김명정, 임정수 역, 2008, **다문화교육 입문**, 서울: 아카데미프레스. [Banks, J. A., 2008, *An Introduction to Multicultural Education*, Boston: Alliyn & Bacon.]

설규주, 2012, 초중고 사회 교과서의 다문화 관련 내용 분석 - 2007 개정 사회과 교육과정의 '사회·문화' 관련 단원을 중심으로, **다문화교육연구** 5(1), 한국다문화교육학회, 1-28.

오영훈, 2009, 다문화교육으로서 상호문화교육: 독일의 상호문화교육을 중심으로, **교육문화연구** 15(2), 27-44.

유네스코, 1974, **국제이해, 협력, 평화를 위한 교육과 인권, 기본 자유에 관한 교육 권고**, 유네스코.

유네스코 한국위원회, 1974, **국제이해교육 지침서**, 서울: 동아문화사.

유네스코 한국위원회, 2008, **유네스코와 세계 문화다양성 선언**, 서울: 유네스코 한국위원회.

이경한, 2014, 국제이해교육 관점에서 문화다양성 교육의 탐색, **국제이해교육연구** 9(2), 한국국제이해교육학회, 33-57.

이산호, 2009, 프랑스의 사회통합정책과 유네스코의 '문화적 표현의 다양성 보호와 증진에 관한 협약', **프랑스문화예술연구** 28, 289-315.

이용재, 2011, 다문화사회 갈등 해소를 위한 다문화개념의 전환, **사회과학연구** 19(2), 173-299.

이은송, 2010, 일본의 다문화교육의 이론과 실제 연구: 이문화교육에서 다문화공생교육으로, **교육철학** 49, 133-154.

이종일, 2010, 다문화교육에서 '다양성'의 의미, **사회과교육연구** 17(4), 105-120.

이종하, 2006, 독일의 문화간 이해교육의 실천과 시사점, **한국교육문제연구** 17, 동국대학교 교육연구원, 105-120.

임운택, 2011, 문화다양성과 다문화: EU의 이주노동자인권 논의 사례를 중심으로, **한국행정학회 학술발표논문집**, 1-14.

장한업, 2009, 프랑스의 상호문화교육과 미국의 다문화교육의 비교 연구, **프랑스 어문교육** 32, 105-121.

정석환, 2012, 포스트모더니즘에 근거한 한국 다문화교육의 재개념화, **한국교육학연구**

18(2), 23-49.

정창호, 2011, 독일의 상호문화교육과 타자의 문제, **교육의 이론과 실천** 16(1), 75-102.

정호범, 2011, 다문화교육의 철학적 배경, **사회과교육연구** 18(3), 101-114.

최신일, 2010, 도덕과 다문화교육의 해석학적 접근, **초등도덕교육** 34, 198-199.

최충옥, 조인제, 2010, 다문화교육 연구의 동향과 향후과제, **다문화교육** 1(1), 1-20.

허영주, 2011, 보편성과 다양성의 관계 정립을 통한 다문화교육의 방향 탐색, **한국교육학연구** 17(3), 205-235.

홍은영, 2012, 포스트식민주의적 관점에서 본 상호문화교육, **교육의 이론과 실천** 17(1), 143-162.

Banks, J. A. and Banks, C. M. A., 1999, *Multicultural Education: Issues and Perspectives*(3rd Ed.), John Wiley & Sons, Inc.

UNESCO, 2006, *UNESCO Guidelines on International Education*, Section of Education for Peace and Human Rights.

8장

아프리카의 국제이해교육 현황과 연구경향

I. 서론

아프리카 대륙은 다양한 언어, 인종, 문화, 민족, 환경 등으로 구성되어 있다. 아프리카는 남북으로 다양한 자연환경으로 국가와 민족마다 서로 다른 생활양식을 계승 발전시켜 오고 있다. 아프리카는 인류와 함께 하는 역사에도 불구하고, 근대에 접어들면서 서구 제국주의 열강들의 약탈과 착취의 대상이 되었다. 네덜란드 동인도회사를 필두로 해서 영국, 프랑스, 독일 등의 서구 제국주의 국가들은 아프리카를 식민지로 전락시켜 정치, 경제, 사회 등의 모든 영역에서 식민지화를 이루었다. 아프리카는 과거 오랫동안 제국주의 국가의 식민지 경험으로 아프리카 대륙과 민족이 지닌 고유성을 서구의 근대라는 이름으로 파괴당하였다. 서구의 시각으로 본 아프리카는 세계인들이 아프리카를 미개, 무지, 낙후 등의 대명사로 오인시키기에 충분하였다. 그리고 식민국가의 아프리카 대륙 약탈은 아프리카 국가와 주민들에게 빈곤의 악순환을 가져왔다.

아프리카 대륙의 국가들은 제2차 세계대전 이후 식민 제국주의로부터의 독립을 하였다. "피 흐르는, 끝도 없이 피가 흐르는. 고문, 폭탄, 총에 맞은 아이들과 여자들. 1954년 이후로 북부 아프리카 알제리에서 100만 명 이상의 사람이 목숨을 잃었다. 그러다가 프랑스 사람들이 1962년에 마침내 이렇게 말했다. '이제 끝이다. 더는 계속할 수 없다. 우린 가겠다.'" (루츠 판 다이크, 안인희 역, 2010, 170). 아프리카 국가들은 프랑스인조차 더는 계속할 수 없을 정도의 희생을 통하여 독립을 쟁취하였다. 그러나 독립 이후 아프리카의 대부분 국가에는 독재정부가 들어섰다. 유럽 사람들은 자주 가장 부패한 아프리카 정치가들이 권좌에 오르도록 도움을 주었다(루츠 판 다이크, 안인희 역, 106)기 때문이다. 그 결과, 아프리카에서는 인권 탄압, 백색 테러, 인종 청소 등의 폭력이 난무하였다. 식민 지배 국가들의 편의주의로 민족, 인종, 문화, 환경 등을 고려하지 않고 나눈 국가, 민족 등의 경계는 아프리카에 엄청난 내전을 가져오는 도화선으로 작용하였다. 그리고 아프리카는 아프리카 국가들 간의 상호이해와 함께 국가 내와 국경을 넘어선 민족들 간의 이해가 보다 심각하고 시급한 난제로 등장하였다. 오늘날 아프리카에서는 국가 간의 전쟁보다는 국가 내에서 벌어지는 민족, 문화, 종교 등으로 인한 갈등이 매우 심각하다.

식민지로부터 해방 이후 많은 고통을 겪고 있을지라도, "아프리카는 생물 종, 인종과 문화, 자연환경 등 다양성을 가진 대륙이다. 인류의 역사가 시작된 곳으로서, 아프리카는 우리가 아는 것보다 훨씬 오랜 역사만큼이나 깊은 정신을 가진 대륙이다. 아프리카는 여전히 우리의 오래된 미래를 지니고 있으며, 공동체문화가 가장 많이 실재하고 있는 곳이다"(이경한, 2017, 126). 아프리카는 식민지 유산으로 말미암아 대륙 내의 국가와 민족들이 서로에게 상처를 주기도 하고, 가난으로 인한 낙후된 삶의 현주소를 지니고 있지만 서로 간의 이해를 돕기 위한 노력도 함께 이루어지고 있다. 그래서 아프리카에서 국가 간 그리고 민족 간의 이해를 돕고자 하는 국제이해교육의 실제를 살펴볼 필요가 있다.

이에 본 장에서는 아프리카에서의 국제이해교육의 연구 현황을 살펴보고, 이를 토대로 국제이해교육의 연구경향을 알아보고자 한다. 아프리카에서 이루어진 국제이해교육 관련 연구결과들을 토대로 그 연구 현황과 경향을 알아보고자 한다. 관련 문헌의 조사는 한국교육학술정보원의 학술연구정보서비스를 이용하여 실시하였다. 검색은 아프리카, 교육 등의 검색어로 실시하였다.

II. 아프리카에서 국제이해교육 연구의 실제

1. 기존 연구의 개괄적 검토

아프리카의 국제이해교육에 관한 연구는 주로 사하라 사막 이남 지역을 중심으로 수행되고 있다(Mohammed, Ilham, Seddik, 2016; Ndura, 2006; Harber, 1996; Jones, 2005; Nungwa Kuzwe, 1998; Akemi, 2015; Abdi, 2008). 아프리카 국제이해교육의 연구결과를 국가별로 보면, 남아프리카공화국, 짐바브웨, 르완다(Nungwa Kuzwe, 1998), 탄자니아, 케냐(McDuff, 2000) 등에서 연구가 이루지고 있으며, 가장 많은 연구가 이루어진 국가는 남아프리카공화국(Miraftab, Wills, 2005; Schoeman, 2006; Waghid, 2009; Asmal, James, 2001; Unterhalter, 1998; Chidester, 2008; Teise, le

Roux, 2016; Jones, 2005; Carl, 1994)이다. 남아프리카공화국은 아프리카 대륙에서 가장 근대화가 이루어진 국가이자 식민의 약탈과 인종차별정 책을 가장 늦게까지 실시한 국가여서 국제이해교육을 연구하는 데 큰 밑 거름을 제공해 주고 있다. 그리고 앞에서 인용한 연구논문들을 중심으로 해서 아프리카의 국제이해교육 연구시기를 살펴보면, 연구들은 유럽 강대국으로부터 식민지 독립 이후(Brock-Utne, 1996; Kayira, 2015)와 남 아프리카공화국의 아파르트헤이트 철폐 이후(Carl, 1994; Negron, 2007; Enslin, 2003)에 중점적으로 수행되고 있다.

아프리카에서 국제이해교육(Education for International Understanding, EIU)이라는 용어는 자주 사용되고 있지는 않지만, 국제이해교육의 관련 개념들은 많이 사용되고 있다. 국제이해교육은 제2차 세계대전 이후 유 네스코가 사용한 용어로서 주요 연구 영역으로는 인권교육, 평화교육, 문 화다양성교육, 지속가능발전교육과 세계시민교육이 있다. 아프리카에 서는 국제이해교육 용어를 사용하고 있지 않지만, 주요 관련 용어를 사 용하여 연구가 수행되고 있다. 그중 가장 많이 사용한 용어는 평화교육 (Brock-Utne, 1996; Harber, 1996; Carl, Johannes, 2002; Jones, 2005; Mu-rithi, 2009; Africa, 2011; Mohammed, Ilham, Seddik, 2016)이다. 다음으로 세계시민교육(Akemi, 2015; Swanson, 2015; Yonemura, 2015), 종교교육 (Chidester, 2003; Chidester, 2008; Kumar, 2006), 지속가능발전교육(Esther, 2015; Teise, le Roux, 2016), 다문화교육(Van der Merwe, 1995) 등의 용어가 사용되었다.

2. 아프리카에서 국제이해교육의 연구경향

아프리카에서 국제이해교육에 관한 연구를 기존 연구를 중심으로 살펴보면 그 연구경향을 쉽게 확인할 수 있다. 그것은 다양성교육과 평화교육, 지속가능발전교육과 세계(민주)시민교육으로 대별할 수 있다.

(1) 다양성 교육과 평화교육

먼저, 아프리카는 다양성을 가진 대륙이라고 해도 과언이 아니다. 그만큼 아프리카에는 사막에서 정글에 이르기까지의 자연환경, 도시에서부터 밀림 마을에 이르는 거주환경, 인종과 부족마다 서로 다른 삶과 문화, 원시 공동사회에서 현대 문명에 이르기까지의 서로 다른 근대성, 그리고 식민 지배국가의 언어에서 원시부족의 언어에 이르기까지의 다양한 언어 등을 가지고 있다. 이처럼 아프리카는 다양성의 보고라고 할 수 있다. 서구의 식민 지배를 받으면서 아프리카의 다양성은 낙후, 미개라는 낙인을 받기도 하였다. 아프리카는 식민 지배를 받으면서 아프리카가 가진 다양성을 존중받지 못하였다. 오히려 오랜 기간에 걸쳐 강대국의 식민 지배를 겪으면서 아프리카 문화는 멸시를 당하였다. 그 결과, 식민 국가의 서구 중심 교육을 받은 아프리카의 식자층은 아프리카의 전통과 관습을 상실하였다(Ndura, 2006).

식민지 시대에 서구 문화는 주류 문화를 점유함으로써 아프리카 고유 문화를 열등화 시키고 주민들을 서구문화로의 동화를 가져왔다. 이것은 사하라 이남의 맥락에서 대체로 원주민의 사유와 존재방식을 국가나 세계의 시민성 요구에 부적절한 것으로(Swanson, 2015, 33) 인식하게 만들었다. 식민 지배 이후 아프리카는 인종, 민족, 종교, 문화 간의 갈등이 나타나고, 이는 내전이나 인종 청소, 인권 침해 등의 폭력을 가져왔다. 특히 민족 갈등은 다른 전쟁과 폭력의 원인이 되고 있다(Harber, 1996, 153). 더 나아가 아프리카 사람들은 삶 속에서 가난과 경제적 불안이 만든 경제적 폭력을 일상적으로 받아들이고 있다(Harber, 1996, 154). 대체로 글로벌 사회로 가면서 민족국가와 강력한 국제협력 혹은 정치기구는 지역사회(local remote communities)의 사회적, 생태적 복지에 대한 아프리카 고유 사고의 기여를 무시하거나 쓸모없게 만들었다(Swanson, 2015, 33).

아프리카의 다양성교육은 아프리카가 가진 다양성에 대한 이해와 함께 자존감을 회복하도록 하는 데 중점을 두고 있다. 아프리카의 다양성교육은 다문화, 종교, 인종, 민족 교육이 중심을 이루고 있다. 다문화교육은 다문화라는 입장에서 아프리카의 종교, 민족, 문화 등의 교육을 다루고 있다(Van der Merwe, 1995; Chidester, 2008). 이는 문화 간의 이해를 도와서 서로 간의 차이를 인정하고 존중하도록 하기 위함이다. 특히 종교 다양성을 존중하는(Chidester, 2003) 종교교육은 타종교에 대한 인정과 이를 통한 종교 간의 화해와 조화를 지향하고 있다. 종교는 신념에 기초하고 있어서 아프리카를 넘어서 세계 곳곳에서 갈등의 원인을 제공하고 있다. 종교적 배타주의나 종교 근본주의는 보편종교와 보편종교, 민족종교와 민족종교, 보편종교와 민족종교 간의 반목을 낳는다. 이러한 종교 간의 갈등은 테러나 더 나아가 내전을 일으키는 주요한 동인이 되고 있다. 그래서 종교교육은 종교의 다양성을 이해하도록 돕고 있다. 궁극적으로 종교교육은 학교교육을 통하여 종교다원주의를 이해할 수 있는 기회를 제공하고 있다(Kumar, 2006). 그리고 민족교육은 민족의 정체성, 타민족의 존중과 배려를 강조한다. 민족 간의 갈등(Laird, 2004)은 다음 세대로 그 갈등이 재생산됨으로써 서로 간의 증오를 낳고 다시 이는 폭력을 조장하고 있다. 이런 갈등의 근원은 민족 편파주의(ethnic favoritism)이다 (Franck, Rainer, 2012). 자민족중심주의나 타민족 배타주의가 만연한 아프리카에서 아프리카 안에 존재하는 수많은 민족 혹은 부족들을 상호 존중함으로써 인종 청소와 같은 폭력을 해소할 수 있길 원하고 있다. 그래서 학교교육에서 실시하는 민족교육은 곧 민주시민교육을 위한 토대를 제공하고 있으며, 그 중심 내용은 민족 다양성을 이해하고 존중하는 교육이다. 예를 들어, 우간다를 비롯한 대부분의 아프리카 국가에서는 다민족·다언어·다문화 국가로서 시로 이렇게 공생해 살아갈까 히는 문제에 많은 관심을 보이고 있다(Ministry of Education and Sports, 2010).

다양성교육은 식민 지배 이후, 즉 독립 이후 아프리카에서 나타난 갈등과 폭력에 대한 치유와 연계되어 있다. 아프리카에서 다양성교육은 아프리카의 많은 쟁점이나 문제를 해결하는 데 중요한 기능을 할 수 있다. 다양성교육은 서로 다름을 이해하고 인정하는 데 목적을 두고 있어서, 서로 간의 이해는 곧 갈등과 폭력을 줄여서 아프리카의 평화에 이바지할 수 있다. 서로의 차이를 인정하고 존중함은 곧 국가, 민족, 문화, 인종, 종교 등 간의 갈등을 해결할 수 있는 방안이 될 것이다.

아프리카에서 평화체제의 구축은 교육의 질, 남반구 사람들에 대한 소명의식으로부터 나온 자질, 원주민 문화의 존중, 그리고 외부 자원에 의존하지 않는 지속가능한 교육의 구축에 달려 있다(Brock-Ute, 1996, 187). 이를 위해서는 타자와 타자가 지닌 문화의 다양성을 존중함을 요구한다. 그 결과, 아프리카의 평화교육은 아프리카 고유문화에 대한 정체성을 확보하고, 그 정체성을 바탕으로 타자의 문화를 존중하고 배려하고자 하는 교육과 자연스럽게 연계되어 나아갔다. 그래서 다양성교육은 평화교육, 더 나아가 인권교육과 밀접한 관련이 있다.

평화교육은 다양성교육을 위한 구체적인 방법이 될 수 있다. 그 이유는 평화가 인간존엄성과 발전을 기초로 하는 지속가능발전 원리의 하나이기(Yonemura, 2015, 17) 때문이다. 그러나 학교는 전쟁 기간 동안 폭력의 장소가 되고, 신체적으로 고통을 당하지 않은 사람들조차도 전쟁의 직접적인 경험의 결과로서 심각한 심리적 폭력의 고통을 당하고 있다(Harber, 1996, 156). 즉 학교는 어른들이 만들어낸 편견과 반목으로 인하여 또 다른 폭력의 재생산 장소가 되고 있다. 그래서 학교교육에서 평화교육을 강조하면서, 이를 위한 교육과정 개발(Carl, 1994), 평화교육 모형(Mohammed, Ilham, Seddik, 2016), 평화 문화 조성(Africa, 2011), 평화교육을 위한 교사연수(Carl, Johannes, 2002; Harper, 1996) 등을 실시하였다. 학교교육에서 문화 간 이해와 인식을 고양시키는 실천 방안으로는 타인과 타문화에 귀를 기울이고, 이를 배우도록 하는 교육방법이 있을 것이다(Brock-Ute, 1996, 186). 그리고 갈등의 제도적 해결(Harber, 1998)에 관한 교육도 강조하였다. 이것은 갈등의 구조적 문제를 비판적으로 살펴봄으로써 평화교육을 강조하고 있다.

또한 아프리카의 정신을 통한 평화교육도 강조하고 있다. 특히 남아프리카공화국의 우분투(ubuntu) 정신은 평화를 가져오는 데 큰 기여를 할 수 있다. 우분투는 아프리카인들이 타인들과 상호의존 및 상호호혜를 주고받으면서 조화로운 사회를 만들며 살아가고자 하는 아프리카 고유의 전통적 사고이자 철학이라고 볼 수 있다(이경한, 2017, 130). 이 정신은 분규가 일어나는 양측이 개인, 가정과 사회에서 보복 문화의 출현을 방지하고 추방하려는 사고를 가지고서 사회적 신뢰와 사회 통합을 건설하고 유지하기 위하여 화해할 필요가 있다는 사고에 토대를 두고 있다(Murithi, 2009, 229). 우분투는 화해를 통하여 인간의 통합과 상호의존을 동시에 강조하고 있다.

이처럼 아프리카에서의 국제이해교육은 다양성교육을 강조하면서 동시에 이를 평화교육으로 연계시킴으로써 민주시민사회를 지향하고 있다고 볼 수 있다. 이런 측면에서 보면, 아프리카의 국제이해교육은 다양성을 존중하면서 능동적인 평화와 정의를 위한 교육을 추구한다.

(2) 지속가능발전교육

다음으로 아프리카의 국제이해교육은 개발교육(development education)을 강조하고 있다. 개발 교육은 아프리카의 현주소를 잘 보여 준다. 개발 교육은 아프리카의 낙후된 국가를 저개발에서 벗어나 문명화로 견인하기 위한 교육이다. 가난, 저소득, 문맹 등으로부터 경제적 부, 도시화, 문해력 등의 발전으로 나아가는 데 중점을 두고 있다. 아프리카는 물질 문명이 덜 발달한 대륙이어서 많은 국가들이 압축 성장을 시도하고 있다. 북반구의 개발국들이 누리는 물질적 풍요를 동경하기도 한다. 그로 인하여 아프리카는 무분별한 난개발, 급속한 도시화 등이 이루어지고 있다. 아프리카에서 개발교육에 대한 높은 관심은 또 한편으로는 아프리카의 개발교육에 대한 반성도 동반하고 있다.

아프리카가 개발교육에 관심을 갖는 동안, 다른 대륙에서는 지속가능발전교육으로 화두를 진화시켜 나가고 있다. 그 결과, 아프리카에서의 개발교육도 지속가능발전교육에 대한 관심이 높아져갔다. 아프리카에서 지속가능발전교육은 아프리카만이 가진 자연, 문화, 정신 등을 보존하면서 삶의 질을 높여 가겠다는 의지를 반영하고 있다. 아프리카에서 지속가능발전교육은 생물종 다양성의 보존 등을 강조하면서, 이를 위한 다양한 활동들을 시도하고 있다(McDuff, 2000). 아프리카는 제국주의 국가의 식민지배로 인한 오랜 약탈 경제에 시달려 왔다. 약탈경제를 통한 개발은 아프리카에서는 환경파괴가 일상화되었고 빈부의 차이가 매우 극심하게 되었다. 아프리카에서는 이런 문제를 인식하고 해결하기 위하여 지속가능발전교육을 받아들이고 있다. 이 교육이 학교 현장이나 생활 현장에서 구체적으로 적용되고 있는지 여부와 상관없이 아프리카에서도 지속가능발전교육은 지향하여야 할 가치로 받아들여지고 있다(Kayira, 2015). 그리고 지속가능발전교육을 학교 현장에 보급하기 위한 국제협력 교사연수 프로그램 개발(Esther, 2015), 교육논리 개발(Manteaw, 2012) 등도 행하고 있다.

이상에서 보면, 아프리카에서의 지속가능발전교육은 인간의 환경과의 상호의존성, 그리고 더불어 사는 삶의 지향 등을 강조하면서, 상대적인 약자인 환경과 개발로 인해 불이익을 보는 사람들을 위한 환경정의와 사회정의를 동반하고 있다. 이런 교육은 케냐(McDuff, 2000)와 남아프리카공화국을 중심으로 행해지고 있다(Maila, Loubser, 2003; Roos, Hoffman, van der Westhuizen, 2013; Teise, le Roux, 2016). 케냐와 남아프리카공화국은 아프리카 대륙에서 상대적으로 높게 서구화된 도시를 가지고 있으며, 보존해야 할 가치를 지닌 자연환경을 지닌 특성이 있다. 케냐는 생태관광을 위하여 자연환경을 보존할 필요성을 강조하고 있다(McDuff, 2000). 남아프리카공화국은 식민 지배 이후 개발의 불평등을 비판하고(Kayira, 2015), 아프리카의 고유한 지식체계 속에 존재하는 자연과 조화를 지향하는 삶을 조명하였다(Maila, Loubser, 2003).

아프리카에서의 지속가능발전교육은 학교교육을 위한 국가교육과정에도 반영되어 있다. 우간다에서는 '전 지구의 과제' 단원에서 개발, 평화, 인권 등을 자국이 직면하고 있는 중요 과제라고 다루고 있다(Ministry of

Education and Sports, 2010). 그리고 남아프리카공화국의 초·중·고교 교육과정에서는 국제이해교육만을 독립적으로 다루는 교육과정은 따로 없다. 국제이해교육의 내용을 주로 다루고 있는 교과목은 초등에서는 사회, 중등에서는 지리, 역사 등의 과목이다(김현덕 외, 2017, 143). 남아프리카공화국의 국가교육과정에서 제시한 교육목적 중 하나는 인권, 총괄성(in-clusivity), 환경정의와 사회정의이다. 남아프리카공화국의 헌법에서 정의한 것처럼 교육목적은 사회정의와 환경정의 그리고 인권의 원리와 실제의 결합이다. 국가교육과정(유치원-12학년)은 빈곤, 불평등, 인종, 성, 언어, 연령, 장애와 기타 인자와 같은 다양성의 쟁점을 중요하게 반영하고 있다. 국가교육과정(유치원-12학년)은 문제해결 맥락이 개별적으로 존재하지 않아서 관련된 체계를 종합해서 세계를 이해할 수 있는 학습자를 양성하는 데 목적을 두고 있다. 그리고 지리교육과정의 목적은 '지속가능발전을 향한 소명의식 계발, 세계의 불평등에 대한 인식과 감수성 계발, 감성, 관용과 공정성의 육성, 그리고 사회적, 환경적 쟁점에 관한 정보화된 의사결정과 판단하기와 정당화하기'이다.

(3) 세계(민주)시민교육

아프리카에서는 국제이해교육에 가장 근접하게 사용하는 개념은 세계시민교육이다. 세계시민교육은 국가적 정체성과 국가 간 협력과 평화를 구축하자는 것과 국가의 범위를 넘어서서 세계적 차원에서 보편적 관심과 다양성 존중의 질서를 구축하자는 데 초점을 두고 있다(이경한 외, 2017, 26). 유네스코와 옥스팜(Oxfam) 등의 비정부기구를 중심으로 보급되어온 세계시민교육은 글로벌 사회의 일원인 아프리카에도 영향을 주고 있다. 아프리카의 세계시민교육은 세계시민으로서 책무성과 인간성을 기르고자(Yusef, 2015) 하는 데 초점을 두고 있다. 사하라 이남의 아프리카에서 세계시민성(Akemi, 2015; Yonemura, 2015), 탈식민주의의 세계시민성(Swanson, 2015)의 연구가 그 대표적인 사례이다. 하지만 세계시민교육 자체가 광의의 콘텐츠를 담고 있어서, 아프리카에서의 세계시민교육은 다양성교육, 평화와 인권 교육, 지속가능발전교육 등 개념과 혼합해서 시행되고 있다.

아프리카는 세계시민교육과 함께 민주시민교육의 연구도 이루어지고 있다. 아프리카의 독재정권 국가들은 민주주의의 발전을 저지하고 있다. 그래서 독재정권이 민주정권으로 전환한 나라에서는 민주시민교육에 깊은 관심을 두고 있다. 시민교육은 민주주의와 연계해서 연구를 수행하였고, 교육을 통한 민주주의 실현 방안과 훌륭한 시민의 육성을 추구하고 있다. 이런 연구는 사하라 이남의 아프리카(Abdi, 2008), 아파르트헤이트 이후의 남아프리카공화국(Asmal, James, 2001; Waghid, 2004; Schoeman, 2006)과 평화 시기 이후의 르완다(Nungwa Kuzwe, 1998)에서 실시되었다.

III. 결론

본 장에서는 아프리카의 국제이해교육 현황과 연구경향을 살펴보았다. 아프리카를 대상으로 한 국제이해교육의 연구들을 분석한 결과, 아프리카에서 국제이해교육은 다양성교육과 평화교육, 지속가능발전교육, 그리고 세계(민주)시민교육이 중심을 이루고 있음을 알 수 있다. 먼저 아프리카에서의 다양성교육과 평화교육은 민족, 국가, 인종, 종교, 언어, 문화 등에 관한 다양성교육을 강조하면서 동시에 이를 평화교육으로 연계시키고 있음을 볼 수 있다. 서로 다름을 이해하고 인정하는 교육만으로도 아프리카 국가에서 평화를 가져올 수 있음을 보여 주고 있다. 즉, 아프리카의 국제이해교육은 다양성을 존중하면서 능동적으로 평화와 정의를 지향하는 교육을 추구하고 있음을 알 수 있다.

다음으로 아프리카에서의 지속가능발전교육은 인간의 환경과의 상호의존성, 그리고 더불어 사는 삶의 지향 등을 강조하면서, 상대적인 약자인 환경과 개발로 인해 불이익을 보는 사람들을 위한 환경정의와 사회정의를 동반하고 있다. 아프리카는 빈곤의 문제로 인하여 개발교육에 일차적으로 관심을 보이고 있다. 하지만 아프리카의 아름다운 자연환경과 이에 적응하여 살고 있는 시민들의 삶을 존중하기 위한 노력도 함께 이루어지고 있다. 지속가능발전이라는 개념을 도입하여 상대적인 약자를 도와서 정의를 실현하고자 함을 보여 주고 있다.

마지막으로 아프리카의 세계시민교육은 세계시민으로서 책무성과 인간성을 기르는 데 목적을 두고 있다. 상대적으로 연구가 덜 이루어지는 분야이지만, 아프리카에서의 세계시민교육은 다양성교육, 평화와 인권교육, 지속가능발전교육 등의 개념과 연계하여 시행되고 있다. 그리고 아프리카에서 민주정부가 들어선 나라에서는 민주시민교육에 깊은 관심을 두고 있음을 알 수 있다. 시민교육은 주로 민주주의의 실현과 민주주의이끌 훌륭한 시민의 육성 방안을 연구하였다.

아프리카에서 국제이해교육은 다양성교육과 평화교육, 지속가능발전교육, 그리고 세계(민주)시민교육을 중심으로 이루어지고 있음을 알 수 있다. 아프리카에서 이런 연구주제들에 관한 연구가 많이 행해진다는 것은 아프리카가 처한 현주소를 잘 반영하고 있음에 대한 반증이다. 그리고 이 주제들은 아프리카의 절박한 과제들을 보여 주기에 충분하다. 아프리카는 다양성을 가진 대륙이어서 상호 간의 이해를 바탕으로 서로 다름을 존중하는 국제이해교육을 보다 강화할 필요가 있다. 그리고 국제이해교육을 학교현장에 구체적으로 적용하기 위한 페다고지를 개발할 필요가 있다.

참고문헌

김현덕, 강순원, 이경한, 김다원, 2017, 국제이해교육의 지역별 동향 분석 연구: 유럽·북미·아시아태평양·아프리카를 중심으로, **비교교육연구** 27(4), 한국비교교육학회, 127-154.

루츠 판 다이크, 안인희 역, 2010, **처음 읽는 아프리카의 역사**, 서울: 웅진지식하우스.

이경한, 2017, 아프리카의 우분투를 통한 세계시민교육의 가능성 탐색, **국제이해교육연구** 12(2), 한국국제이해교육학회, 125-148.

이경한, 2018, 아프리카의 국제이해교육 현황과 연구경향, **교육종합연구** 16(3), 교육종합연구소, 157-169.

이경한, 김현덕, 강순원, 김다원, 2017, 국제이해교육 관련 개념 분석을 통한 21세기 국제이해교육의 지향성에 관한 연구, **국제이해교육연구** 12(1), 한국국제이해교육학회, 1-47.

Abdi, A. A., 2008, Democratic Development and Prospects for Citizenship Education: Theoretical Perspectives on Sub-Saharan Africa, *Interchange-Ontario* 39(2), Springer Science Business Media, 151-166.

Africa, M., 2011, Peace Education: a Pathway to a Culture of Peace, *Jr. of Peace Education* 8(3), 357-358.

Akemi, Y., 2015, Global Citizenship in Sub-Saharan Africa, *Adult Education and Development* 82, The German Adult Education Association, 74-78.

Asmal, K., James, W., 2001, Education and Democracy in South Africa Today, *Daedalus* 130(1), 185-204.

Brock-Utne, B., 1996, Peace Education in Postcolonial Africa, *Peabody Journal of Education* 71(3), 170-190.

Carl, A. E., 1994, Relevant Curriculum Development in Peace Education for a

Post-Apartheid South Africa, *Official Journal of the European Communities Information and Notices* 37(2), 79-96.

Carl, A. E., Johannes, D., 2002, Critical Elements in the Training of Teachers in Peace Education within the Context of Outcomes-based Education, *South African Jr. of Education* 22(3), 162-169.

Chidester, D., 2003, Religion Education in South Africa: Teaching and Learning about Religion, Religions and Religious Diversity, *British Journal of Religious Education* 25(4), 261-278.

Chidester, D., 2008, Unity in Diversity: Religion Education and Public Pedagogy in South Africa, *Numen* 55(2-3), 272-299.

Enslin, P., 2003, Citizenship Education in Post-Apartheid South Africa, *Cambridge Journal of Education* 33(1), 73-84.

Esther, K., 2015, Towards a Model for International Collaboration and Partnerships in Teacher Education in Africa: Education for Sustainable Development in South Africa, *International Journal of African Renaissance Studies* 10(2), 104-124.

Franck, R., Rainer, I., 2012, Does the Leader's Ethnicity Matter? Ethnic Favoritism, Education, and Health in Sub-Saharan Africa, *The American Political Science Review* 106(2), 294-325.

Harber, C., 1996, Educational Violence and Education for Peace in Africa, *Peabody Journal of Education* 71(3), 151-169.

Harber, C., 1998, Desegregation, Racial Conflict and Education for Democracy in the New South Africa: A Case Study of Institutional Change, *International Review of Education* 44(5-6), 569-582.

Jones, T. S., 2005, Implementing Community Peace and Safety Networks in South Africa, *Theory into Practice* 44(4), College of Education, OSU, 345-354.

Kayira, J., 2015, (Re)creating Spaces for uMunthu: Postcolonial Theory and Environmental Education in Southern Africa, *Environmental Education Research* 21(1), 106-128.

Kumar, P., 2006, Religious Pluralism and Religion Education in South Africa, *Method & Theory in the Study of Religion* 18(3), 273-293.

Laird, S. E., 2004, Inter-ethnic Conflict: a Role for Social Work in Sub-Saharan Africa, *Social Work Education* 23(6), 693-710.

Maila, M. W., Loubser, C. P., 2003, Emancipatory Indigenous Knowledge Systems: Implications for Environmental Education in South Africa, *South African Jr. of Education* 23(4), 276-280.

Manteaw, O., 2012, Education for Sustainable Development in Africa: The Search for Pedagogical Logic, *International Jr. of Educational Development* 32(3), 376-383.

McDuff, M., 2000, Thirty Years of Environmental Education in Africa: the Role of the Wildlife Clubs of Kenya, *Environmental Education Research* 6(4), 383-396.

Ministry of Education and Sports, 2010, *Uganda Primary School Curriculum Syllabi.*

Miraftab, F., Wills, S., 2005, Insurgency and Spaces of Active Citizenship: The Story of Western Cape Anti-eviction Campaign in South Africa, *Journal of Planning Education and Research* 25(2), 200-217.

Mohammed, A., Ilham, N., Seddik, O., 2016, Introducing Values of Peace Education in Quranic Schools in Western Africa: Advantages and Challenges of the Islamic Peace-Building Model, *Religious Education* 111(5), 537-554.

Murithi, T., 2009, An African Perspective on Peace Education: Ubuntu Lessons in Reconciliation, *International Review of Education* 55, 221-233.

Ndura, E., 2006, Western Education and African Cultural Identity in the Great Lakes Region of Africa: A Case of Failed Globalization, *Peace and Change* 31(1), 90-101.

Negron, L, A., 2007, Gender and Education in Post-Apartheid South Africa, *East African Jr. of Peace and Human Rights* 13(2), 166-189.

Nungwa Kuzwe, C., 1998, The Role of NGOs in Democratisation and Education in Peace-time(Rwanda), *Jr. of Social Development in Africa* 13(1), 37-40.

Roos, V., Hoffman, J., van der Westhuizen, V., 2013, Ethics and Intergenerational Programming: A Critical Reflection on Historic Environment Education in South Africa, *Journal of Intergenerational*

Relationships 11(4), 449-458.

Schoeman, S., 2006, A Blueprint for Democratic Citizenship Education in South African Public Schools: African Teachers' Perceptions of Good Citizenship, *South African Jr. of Education* 26(1), 129-142.

Swanson, D. M., 2015, Ubuntu, Idigeneity, and Ethic for Decolonizing Global Citizenship, Abdi, A., Shultz, L., and Pillay, T.(eds), *Decolonizing Global Citizenship Education*, Sense Publishers, 27-38.

Teise, K., le Roux, A., 2016, Education for Sustainable Development in South Africa: A Model Case Scenario, *African Education Review* 13(3-4), 65-79.

Unterhalter. E., 1998, Economic Rationality or Social Justice? Gender, the National Qualifications Framework and Educational Reform in South Africa, 1989-1996, *Cambridge Journal of Education* 28(3), 351-368.

Van der Merwe, E. L., 1995, Rejuvenating and Revitalizing the Flip Chart as Educational Media in Multi-Cultural Education in South Africa, *International conference on technology and Education* 12(1), University of Texas at Austin, 150-152.

Waghid, Y., 2004, Compassion, Citizenship and Education in South Africa: An Opportunity for Transformation?, *International Review of Education* 50(5-6), 525-542.

Yonemura, A., 2015, Global Citizenship in Sub-Saharan Africa, *Adult Education and Development* 82, The German Adult Education Association, 74-78.

Yusef, W., 2015, Cultivating Responsibility and Humanity in Public Schools through Democratic Citizenship Education, *Africa Education Review* 12(2), 253-265.

9장

세계시민교육에서 스토리텔링의 교육적 효과

I. 들어가며

우리는 글로벌 시대에 살고 있다. 세계는 다양한 자연환경을 배경으로 다양한 삶을 영위하고 있다. 그리고 세계는 저마다의 생활양식을 가진 문화를 만들어 내고 그 문화의 영향을 받으며 살아가고 있다. 사람들이 살아가는 곳에는 삶의 스토리가 빠질 수가 없다. 전 세계에는 자연환경과 인문 환경을 배경으로 펼쳐지는 수많은 스토리로 가득 차 있다. 그 스토리의 일부는 문자를 통하여 책이라는 그릇으로 담겨져서 세상의 많은 사람들에게 전해지고 있다. 스토리를 담은 대표적인 것이 문학작품이다. 문학작품 중에서 초등학생들에게 큰 영향을 미치는 것은 동화이다. 세계의 많은 스토리를 담은 문학작품은 사실과 허구를 바탕으로 학생들의 상상력을 자극하기에 충분하다.

문학작품은 학생들에게 스토리텔링을 위한 다양한 콘텐츠를 담고 있다. 세계의 다양한 스토리 콘텐츠를 활용한 스토리텔링은 학생들에게 세계시민으로서 역량을 강화하는 매우 유용한 방법이다. 스토리텔링 방식은 학생들이 직, 간접적으로 세계를 경험할 수 있는 풍부한 기회를 제공해 주며, 과거와 현재의 가치와 지혜를 전달한다는 면에서 세계시민교육의 방법으로 적절성을 지닌다. 그래서 문학작품이 가진 세계시민을 위한 콘텐츠를 발굴하고, 이를 스토리텔링의 방식으로 학생들에게 세계시민교육을 가르칠 수 있는 수업 모듈을 개발할 필요가 있다.

세계 곳곳은 스토리로 가득 차 있다. 과거와 현재 그리고 이곳저곳에서 일어난 일상의 현상들은 스토리의 소재가 된다. 시대와 장소를 배경으로 한 우리 인간의 실존적 삶을 담은 스토리는 만능 텍스트라고 해도 과언이 아니다. 스토리를 담고 있는 대표적인 담지체는 책이다. 특히 문학 작품에 담긴 문화 콘텐츠는 스토리텔링을 위한 스토리의 보고이다. 세계 각국의 문학 작품은 글로벌 시대를 살아가는 우리에게 매우 소중한 스토리를 전해 준다. 그 스토리에 관심을 갖고 이해하려는 움직임 자체가 이미 세계시민으로서의 자질을 가지고 있다고 해고 과언이 아니다. 다른 문화나 스토리에 관심을 보이는 것에서 세계시민교육이 출발하기 때문이다.

자신을 넘어서 존재하는 스토리를 중심으로 세계시민교육을 펼치는 것은 세계시민교육에의 접근을 쉽게 할 수 있는 장점이 있다. 그 효과적인 방법이 스토리텔링이다. 스토리텔링은 스토리를 통해서 생각을 공유한다. 스토리를 들려주고 듣는 과정은 스토리라는 텍스트와 스토리를 듣는 상황인 콘텍스트를 동시에 가지고 있다. 그래서 스토리는 말하는 사람과 듣는 사람을 하나로 이어 주는 데 있어서 매우 유익한 방법이다. 그리고 우리는 스토리텔링을 통하여 스토리를 말하고 들으면서 사람들은 자신들의 또 다른 스토리를 만들어 간다. 세계시민교육에서는 스토리텔링을 적극적으로 활용하여 학생들을 세계시민으로서 성장시킬 필요가 있다.

II. 세계시민교육에서 스토리텔링의 교육적 효과

먼저, 스토리텔링은 세계시민교육에서 변혁적 교육을 가능하게 해 준다. 스토리를 매개체로 하는 스토리텔링은 단순히 스토리를 들려주고 듣는 관계 이상으로 학생들의 삶에 영향을 줄 수 있다. 학생들은 스토리텔링이 주는 스토리의 의미를 자신들의 삶에 적절하게 변용할 수 있다. 학생들이 스토리를 자신들 삶으로의 변용은 곧 변혁적 교육의 시작이라고 볼 수 있다. 스토리텔링을 통한 경험을 삶 속에서 문제를 해결하거나 자신의 가치를 발견하는 등의 행위에 적용하는 그 자체가 변혁적 교육에 해당한다. 스토리텔링의 학습 경험을 변용하는 것은 학생이 자기주도성을 가지고서 행하는 적극적이며 창의적인 구성을 동반하기 때문이다. 스토리텔링을 학교교육에서 다양한 교과의 학습에 적용하는 경우, 스토리텔링은 학생들의 발산적 사고를 자극하여 학생들의 사고에 상상력의 날개를 달아 줄 수 있다.

더욱이 스토리텔링은 학생들이 스토리 안의 텍스트를 자신의 상황에 맞추어서 콘텍스트로 전환하여 받아들일 수 있도록 적극적으로 안내한다. 학생들은 경험하는 스토리를 자신의 콘텍스트에 맞추어서 스토리를 확대 심화시켜 변형할 수 있다. 이렇듯 학생들이 스토리를 주체적으로 변형함은 스토리를 더욱 생명력이 넘치게 만들어 준다. 생명력 있는 스토리는 진정성과 호소력이 있기에 또 다른 학생들에게 깊은 감동을 줄 수 있다. 자신의 삶을 토대로 한 스토리의 창작은 학생들을 스토리 작가(story teller)로 만들어 준다. 이 때 학생들은 스토리의 전달자와 수용자의 수준을 뛰어넘어 자유롭게 다자간의 역할을 넘나들 수 있다.

또한 스토리는 콘텐츠나 정보를 맥락적으로 전달함으로써, 분절된 사건들과 정서, 의도 등을 연계시켜 해석하고 파악할 수 있게 한다(양미경, 2013, 6). 스토리는 그 소재가 가진 이면의 맥락을 이해하는 데 많은 도움을 준다. 그리고 스토리 속의 소재에 존재하는 행간의 의미, 정서, 숨겨진 의도 등을 종합적으로 파악하는 데 큰 도움을 준다. 이것은 스토리를 분절적이며 파편적으로 이해하는 수준을 넘어서 종합적인 안목을 줄 수 있다. 학생들이 스토리텔링의 스토리를 직역하는 수준에서 벗어나 시대적 그리고 개인적 상황을 반영하여 해석할 수 있게 해 준다. 다시 말하여 스토리텔링은 학생들이 분절적으로 경험한 스토리를 자신의 삶을 바탕으로 주체적인 해석을 가능케 해 준다. 학생들은 스토리텔링의 스토리를 수동적으로 수용하는 존재에서 벗어나 스스로 스토리를 구성해 갈 수도 있다. 그리고 학생들은 스스로 조직한 스토리를 다양한 방법을 통하여 자신의 것으로 만들어서 생명력 있는 지식으로 만들 수 있다. 특히 학생들이 학습 주제와 관련된 스토리를 직접 작성한 후, 이를 토대로 한 스토리텔링은 학생들의 능동적이고 주체적인 학습에 매우 효과적일 수 있다.

스토리텔링의 변혁적 활용은 학생들이 스토리를 이해하고, 이를 자기화하여 자신의 삶을 돌아봄으로부터 시작한다. 자신의 세계를 토대로 구체화한 이야기는 다른 사람의 삶에 투사할 수 있게 해 주고, 스토리를 변혁적으로 응용할 수 있게 해 줄 것이다.

둘째로 스토리텔링은 세계시민교육에서 공감 교육에 도움을 준다. 스토리텔링은 스토리를 통하여 서로 간의 소통을 강조한다. 이로 인하여 스토리텔링은 듣는 자로 하여금 스토리에 감정이입하도록 한다. 이는 역지사지를 하게 함으로써 나 아닌 타자에 대한 이해도를 높일 수 있다. 다시 말하여, 학생들이 화자의 입장으로 스토리에 몰입함으로써 타자에 대한 생각, 감정, 입장 등에 공감을 하는 경험을 축적할 수 있다. 이렇듯 스토리텔링을 통한 공감능력의 함양은 세계시민교육에서 매우 중요하게 여기는 상호문화이해에 도움을 줄 수 있다. 문화다양성에 대한 이해는 글로벌 시대에 매우 중요한 역량이라고 볼 수 있다.

세계시민교육에서 스토리텔링의 적용은 학생들이 공감하기 어려운 국제사회의 이슈들에 대한 공감과 감정이입을 유도할 수 있어 학생들의 주도적 활동을 이끌어 낼 수 있으며, 타인의 관점에서도 국제적 이슈들을 바라보는 비판적 시각과 태도를 함양시킬 수 있다(박지현, 이예경, 2018, 56). 스토리텔링은 세계 곳곳의 자연, 문화, 삶 등을 적극적으로 이해하는 자세를 갖게 해 주기에, 타자 혹은 타국의 이해를 넘어 평화를 가져다줄 수 있다. 스토리텔링을 통한 공감은 타자의 입장에서의 상호이해를 주기에 전쟁을 억제하고 갈등을 줄일 수 있다. 이처럼 스토리텔링을 통한 세계시민교육이 지향하는 평화교육, 인권교육, 문화다양성교육 등을 구체적으로 실천할 수 있는 역량을 기를 수 있다. 이런 역량은 타자, 타문화, 타국 등에 대해서 관용을 가질 수 있는 여유를 준다.

스토리텔링은 또한 화자 자신이 스토리에 대한 몰입을 바탕으로 이루어지기에, 화자는 스스로 자기 희열을 가진다. 자기 희열을 가진 화자는 스토리텔링에 참여하는 학생들에게 더욱 신명나게 스토리를 전함으로써 학생들의 공감 지수를 높일 수 있다. 스토리텔링을 하는 화자 자신의 감동은 더 많은 학생들의 감성을 자극하여 공감교육에 기여할 수 있다. 더나아가 화자가 청자인 학생들의 경험에서 공통점을 가진 세계의 스토리를 찾아내서 학생들이 세계시민의식과 관련된 활동 사례들을 접하게 함으로써 스토리텔링은 공감을 더욱 높일 수 있다. 이처럼 스토리텔링은 감성을 자극하기에 세계시민교육의 학습 시에 공감과 같은 정서적 요소를 동반하면 학생들이 주어진 상황을 더욱 능동적이고 주체적으로 이해할 수 있다. 그래서 스토리텔링의 공감은 교육적으로 긍정적 효과를 이끌어 낼 수 있는 시점이자 동기가 되는 것이다(이새미, 2018, 18).

세계시민교육에서 스토리텔링의 활용은 스토리가 가지고 있는 친숙한 패턴을 통해 학생들의 상상력을 자극한다. 그리고 학생들이 이를 통하여 새로운 내용에 대한 흥미를 갖게 히고 이에 대한 몰입과 집중, 참여를 촉진시킨다. 아울러 스토리텔링은 드라마와 같은 극적 효과를 동반하면 학생들의 공감과 정서적 일치감을 갖도록 하는 데 큰 도움이 된다. 그래서 스토리텔링은 학습자에게 동기유발, 공감, 의사소통 능력을 발달시키는 데 효과를 지니고 있기에 세계시민교육에서 중요한 공감 능력을 기르는 데 적합하다고 볼 수 있다.

셋째, 스토리텔링은 세계시민교육에서 융합 교육에 도움을 준다. 스토리텔링은 스토리를 매개로 해서 서로 다른 영역을 융합시키는 데 큰 효과가 있다. 그래서 스토리텔링은 자신과 타인, 타문화, 타국가 등의 세계를 결합시켜주는 데 도움을 준다. 스토리텔링은 수업에서 교과와 교과를 통합하고, 지식과 지식을 통합할 수 있도록 이끌어 준다. 그리고 스토리텔링은 학생들이 학습 경험들을 의미 있게 매개하고 통합할 수 있게 해 주기에 스토리텔링은 수업활동으로서 가치와 역할을 크게 할 수 있다. 또한 스토리텔링 자체가 융합의 특성을 가지고 있어서 학생들이 배우는 지식이 지나치게 분절되고 파편화되는 것을 극복할 수 있게 해 준다. 더 나아가 스토리텔링은 경험과 경험과의 관계를 의미 있게 맺어 나가고, 경험과 지식의 관계를 스스로 발견하고, 지식에서 다른 지식을 찾아가는 과정을 참여하게 해 준다(박인기 외, 2013, 77). 스토리텔링은 글로벌 세계에서 만나는 많은 경험, 지식, 삶 등을 상호 융합시켜 줌으로써 세계시민교육에서 큰 효과를 가질 수 있다. 이렇듯 스토리텔링은 학생들이 만나는 경험과 경험을 의미라는 다리를 놓아 상호연계시키는 데 큰 도움을 준다.

더 나아가 스토리텔링은 학교교육에서 융합교육과정을 구성하는 데 도움을 준다. 최근에는 학교교육과정을 융합교육과정으로 재구성하여 운영하는 추세를 강조한다. 교사들은 국가교육과정을 자신의 상황과 조건에 최적화 하여 재구성하고 있다. 그 교육과정의 재구성에서 일반적으로 과목 간의 통합교육을 지향한다. 특히 특정 교과가 아닌 범교과로 운영되고 영역에서는 통합교육과정이 보다 많이 실행되고 있다. 세계시민교육은 국가교육과정에서 범교과 주제로 다루어지고 있어서 수업시수를 제대로 확보하기가 어려운 실정이다. 그래서 세계시민교육의 스토리텔링은 지리교과를 비롯한 다양한 교과목과 연계하여 시행되고 있다. 이때 세계시민교육의 스토리텔링은 교과내용과 세계시민교육의 주제들을 접목시키는 데 매우 편리하게 해 준다. 그리고 스토리텔링을 통한 융합교육과정의 운영은 학생들의 창의성 신장, 비판적 사고의 함양과 의사소통의 역량 강화 등의 교육목표 성취에 큰 도움을 줄 수 있다.

또한 스토리텔링은 학습자 개인 안에서도 융합을 경험하게 해 준다. 스토리를 통한 정보 전달은 보다 개인화되고, 일상화된 정보의 제공을 통해 학습자의 일상 경험과 교과지식의 연계성을 높이는 효과가 있다(양미경, 6). 여러 관점이 관련되고 갈등하는 사태, 그리고 가치 및 신념의 형성과 변화에 주목하는 상황맥락적인 주제를 다룰 때 스토리텔링 방법은 특히 효과적일 것으로 판단된다(양미경, 26).

이처럼 스토리텔링은 융합교육을 가능하게 해 줌으로써 학생들이 일상에서 만나는 상황을 다양한 관점들을 결합하여 종합적으로 이해할 수 있도록 도움을 준다. 세계시민교육의 입장에서는 스토리텔링을 통하여 세계의 다양한 관점, 사고, 경험, 사상, 문화 등을 서로 조화롭게 융합할 수 있게 해 준다. 이런 스토리텔링은 세계시민교육이 지향하는 조화롭고 아름다운 세계를 만드는 데 크게 일조할 것이다.

넷째, 스토리텔링은 세계시민교육에서 미디어 리터러시의 신장에 도움을 준다. 스토리텔링은 기본적으로 스토리를 전달하는 화자, 이를 듣는 청자, 그리고 스토리라는 텍스트를 가지고 있다. 스토리는 기호를 가진 의미체라고 볼 수 있다. 의미체로서의 스토리는 먼저 화자가 의미체인 텍스트를 청자에게 전달하고, 청자인 학생들은 텍스트가 가진 기호의 코드를 풀어서 스토리를 들어야 한다. 그래서 스토리텔링은 스토리가 가진 기호의 코드를 풀어서 받아들여야 스토리를 제대로 이해할 수 있다. 스토리텔링은 계획된 기호들의 그물과 같은 인간 소통의 기본 요소로, 스토리를 통해 학습하고 자신의 의지를 전달하며 세계를 알아가는 점에서 중요하게 부각되고 있다(김영순, 윤희진, 2010, 33).

스토리텔링은 스토리의 기호를 만들고 풀어 가는 과정이다. 스토리가 추상적 기호를 많이 담을수록 텍스트의 코드를 푸는 데 어려움이 많고, 이에 대한 오해의 가능성도 높아진다. 스토리텔링은 기본적으로 언어적 상호작용이어서 언어전달능력과 언어가 담고 있는 내용의 이해가 큰 비중을 차지한다. 스토리 작가가 전하는 스토리를 제대로 이해하기 위한 출발은 듣는 자세이다. 전하는 스토리 코드를 풀고 이해하기 위해서는 스토리 작가의 입장에서 들음으로써 가능하다. 세계시민교육에서 타문화 등이 가진 스토리 코드를 제대로 풀기 위해서는 타문화를 가진 사람들의 입장에 서는 것이 필요하다. 그 스토리텔링에서 스토리를 전하는 방법이 언어든 문자든 무엇이든 간에, 스토리의 문화 코드를 지닌 입장에 서야 한다. 세계의 스토리도 여기서 예외는 아니다. 또한 스토리텔링은 학생들에게 의미 전달을 잘 해서 그들을 설득해 간다. 스토리 작가 역시 듣는 학생들의 입장을 보다 잘 이해할 때 더 큰 효과를 누릴 수 있을 것이다.

또한 스토리텔링은 디지털 리터러시를 동반하기도 한다. 스토리텔링에서 활용하는 각종 영상 매체들도 기호를 담고 있어서 학생들이 이들을 접할 때도 기호를 풀 필요가 있다. 인터넷, 사회관계망, 일인 미디어방송 등이 보편화되면서, 이들이 가진 기호를 이해하기 위해서는 디지털 리터러시의 역량도 매우 요구되고 있다. 스토리텔링을 통한 미디어 리터러시는 추상적 학습내용에 대한 구체적이고 맥락적 이해를 돕고, 세계시민의식 학습에 흥미로움을 더해 주고, 다양한 교수학습활동과 매체를 적용하는 것을 용이하게 하는 데 좋은 학습 자료가 될 수 있다(박지현, 이예경, 2018). 방송이나 신문 등에서 접하는 글로벌 뉴스도 기호를 가지고 있어서, 이 기호를 푸는 것이 매우 필요하다. 글로벌 뉴스가 가진 맥락, 상황 등을 바탕으로 한 이해는 디지털 리터러시를 가질 때 글로벌 뉴스를 제대로 이해할 수 있을 것이다. 역으로 세계시민교육에서 스토리텔링을 통하여 글로벌 뉴스를 자주 경험하도록 함은 뉴스에 대한 학생들의 해석 능력을 증진시켜 미디어 리터러시를 신장시킬 수 있다.

스토리텔링은 스토리를 매개로 하여 학생들의 몰입을 유도하고, 감성을 통한 타자와 타문화에 대한 공감 능력을 신장시키고, 서로 다른 영역이나 교과목들을 융합시켜 이해할 수 있는 능력을 증진시킬 수 있다. 세계시민교육에서는 이런 장점을 지닌 스토리텔링을 통하여 학생들의 글로벌 역량을 신장시킬 수 있다. 학생들에게 스토리를 제시하고 학생들이 스토리가 가진 기호를 풀어 가는 과정인 스토리텔링은 학생들이 세계에 대해서 따뜻한 시각을 가지고 공감할 수 있도록 해 준다. 학생들이 세계 시민으로서 글로벌 문제를 자신의 문제로 인식하고, 이런 문제의식을 자신의 생활 속에 적용하는 스토리텔링 경험을 통하여 학생들은 변혁적 변환 능력을 기를 수 있다. 더 나아가 타자, 타문화, 타국가에 대한 감성적 이해를 통하여 공감 능력을 신장시킬 수 있다. 따라서 세계시민교육에서 스토리텔링은 학생들의 변혁적 교육, 공감교육, 융합교육, 그리고 미디어 리터러시를 신장시켜서, 글로벌 시대에 있어서 학생들의 인권교육, 평화교육, 문화다양성교육과 지속가능발전교육에 큰 기여할 수 있다.

III. 세계시민교육에서 스토리텔링 사용 시 유의사항

세계시민교육에서 스토리텔링은 변혁적 교육, 공감교육, 융합교육과 미디어 리터러시 면에서 매우 활용 가능성이 높다. 하지만 이처럼 활용가능성이 높은 스토리텔링을 세계시민교육에서 활용하는 데 있어서 유의할 사항들도 있다.

스토리텔링의 모든 스토리는 문화를 담고 있어서 문화와 독립적으로 존재할 수가 없다. 그래서 스토리는 문화의 담지체라고 해도 과언이 아니다. 스토리텔링은 스토리를 매개로 하여 자신의 문화를 전달하려 하고 있다. 스토리텔링은 스토리에 담긴 문화를 학생들에게 일방적으로 전달하는 우를 범할 수 있다. 그런 점에서 스토리텔링의 스토리 작가들은 스토리에 담긴 세계시민교육의 콘텐츠 못지않게 그 안에 담겨 있는 이면의 문화를 신중하게 살펴볼 필요가 있다. 스토리 안에 담겨 있을 수 있는 문화적 편견과 차별을 꼼꼼하게 점검할 필요가 있다. 문화적 편견과 차별을 가진 스토리를 소재로 한 스토리텔링은 학생들에게 특정 문화에 대한 고정관념이나 선입견을 낳을 수 있으니, 이를 유념할 필요가 있다.

다음으로 스토리텔링의 스토리 작가는 스토리를 선택해야 한다. 이때 스토리텔링의 화자는 백지 상태가 아니라 자신의 생각, 경험, 문화를 가지고 있어서 이들은 스토리를 선택하는 데 있어서 영향을 미칠 수 있다. 특히 화자가 스토리를 선택 시에는 지배질서를 반영한 주류 문화가 큰 영향을 줄 수 있다, 보통 주류 문화는 소수 문화보다 우수하다는 선입견이나 편견을 줄 수도 있다. 그래서 스토리텔링에서 스토리를 선택할 때는 스토리의 선정 기준을 분명히 제시할 필요가 있다. 스토리텔링의 수업목적에 부합되는 콘텐츠를 가진 스토리를 공정하게 선정할 수 있도록 주의할 필요가 있다. 이를 해결하는 좋은 방법 중 하나는 스토리의 선정기준을 교사와 학생이 공유하고, 이를 바탕으로 함께 스토리를 선정하는 방법이다.

세계시민교육에서 스토리텔링이 주로 선진국, 서구 기독교 문화 등을 중심으로 스토리를 선정할 가능성도 높다. 그것은 주류 문화가 소수 문화보다 스토리를 제공하는 여건이나 작품에의 접근 가능성이 월등히 높고 편리하기 때문이다. 그러나 세계시민교육은 문화다양성을 지향하기 때문에 스토리를 선정할 때에 소수자, 사회적 약자, 저개발국, 소수 문화집단 등도 관심을 가지고 배려할 필요가 있다. 스토리텔링의 스토리가 기득권 주류 문화에 치우지 않도록 유의할 필요가 있다. 스토리텔링이 학생들에게 문화제국주의를 강화하는 도구가 될 수도 있음을 각별히 조심할 필요가 있다. 스토리텔링의 스토리가 세계시민교육이 지향하는 가치와 배치되지 않도록 유의할 필요가 있다.

다음으로 세계시민교육에서 스토리텔링이 인기 있는 스토리 중심으로 이루어지지 않도록 유의할 필요가 있다. 스토리텔링이 지향하는 가치보다 학생들의 관심을 높이기 위하여 스토리 작품을 인기 위주로 선정할 가능성도 배제할 수 없다. 학생들의 흥미에 너무 많은 비중을 두지 말아야 한다. 부득이하게 스토리텔링에서 인기가 높거나 저명한 스토리를 사용할지라도, 세계시민교육이 지향하는 인권, 평화, 문화다양성과 지속가능 발전의 가치를 기준으로 스토리를 선정할 필요가 있다.

세계시민교육에서 스토리텔링의 스토리가 학생들에게 문화적 편견이나 차별을 낳지 않도록 유의할 필요가 있다. 공정하고 가치로운 스토리를 가진 스토리텔링을 통하여 학생들이 세계 문화에 대한 공감을 토대로 보다 정의롭고 관용적인 세계를 만드는 데 기여할 수 있기를 바란다.

참고문헌

강순원, 이경한, 김다원, 2019, **국제이해교육 페다고지**, 살림터.

교육부, 2015, **2015 개정 초·중등학교 교육과정**.

김다원, 2016, 세계시민교육에서 지리교육의 역할과 기여-호주 초등 지리교육과정 분석을 중심으로-, **한국지리환경교육학회지** 24(4), 13-28.

김신일, 김영화, 김현덕, 1995, **국제이해교육의 실태와 국제비교연구**, 서울: 유네스코 한국위원회.

김영순, 윤희진, 2010, 다문화시민성을 위한 스토리텔링 활용 문화교육 방안, **언어와 문화** 6(1), 27-46.

김현덕, 2000, 국제이해교육의 개념과 방향, **국제이해교육** 창간호, 유네스코 한국위원회, 85-124.

김현덕, 2016, DESD 이후 ESD 교사교육 프로그램의 개발 방향에 관한 연구, **국제이해 교육연구** 11(2), 1-45.

박덕규, 2008, 지역문화 스토리텔링 활성화를 위한 시론, **한국문예창작** 7(1), 265-293.

박인기, 이지영, 이미숙, 김지남, 김수미, 이지영, 강문경, 채현정, 최영경, 성나래, 2013, **스토리텔링과 수업기술**, 서울: 사회평론.

박지현, 이예경, 2018, 스토리텔링을 활용한 세계시민교육 프로그램의 개발 및 적용 연구, **한국콘텐츠학회논문지** 18(9), 55-68.

양미경, 2013, 스토리텔링의 교육적 의의와 방안 탐색, **열린교육연구** 21(3), 1-30.

옥한석, 2011, 공감을 위한 지리와 스토리텔링: 합강문화제와 영춘 하안단구 시나리오 작성 사례를 중심으로, **문화역사지리** 23(2), 63-78.

이경한, 2014, 국제이해교육 관점에서 문화다양성 교육의 탐색, **국제이해교육연구** 9(2), 33-57.

이경한, 김다원, 김미숙, 장진아, 조수진, 2020, **세계시민, 스토리로 배우다**, 유네스코 아시아태평양 국제이해교육원·한국국제이해교육학회.

이상민, 2009, **대중매체 스토리텔링 분석론**, 북코리아.

이새미, 2018, **스토리텔링을 활용한 세계시민의식 학습프로그램의 효과**, 서울교육대학교 교육전문대학원 석사학위논문.

한경구, 김종훈, 이규영, 조대훈, 2015, **SDGs 시대의 세계시민교육 추진 방안**, APCEIU.

Charles, G., 2015, The Post-2015 Moment: Towards Sustainable Development Goals and a New Global Development Paradigm, *Journal of International Development* 27, 717-732.

UNESCO, 2014, *Global Citizenship Education: Preparing Learners for the Challenges of the 21st Century*, Paris: UNESCO, Retrieved from http://unesdoc.unesco.org/images/0022/002277/227729e.pdf

UNESCO, 유네스코 아시아태평양 국제이해교육원 기획·번역, 2015, *Global Citizenship Education: TOPICS AND LEARNING OBJECTIVES*, 유네스코 아시아태평양 국제이해교육원.

유네스코 한국위원회, http://heritage.unesco.or.kr

10장

세계유산을 활용한 세계시민교육

I. 들어가며

세계화 시대가 열리면서, 우리는 세계시민으로서의 새로운 역할을 요청받고 있다. 세계시민은 우리 자신을 지구촌에서 사는 존재로 인식하는 데에서 시작한다. 이를 바탕으로 세계시민은 다양성을 존중하고 국가, 문화 간의 갈등과 문제의 해결을 위해 적극적으로 나선다.

세계시민교육은 세계시민이 갖추어야 할 역량을 기르기 위한 과정이다. 세계시민교육은 기본적으로 다양한 관점, 스케일의 범주에 따른 다중 정체성, 문화, 차이를 비롯한 다양성의 존중을 강조한다. 다양성의 존중은 곧 다른 사람과 문화, 관점 등에 대한 이해와 공감, 관용으로 이어진다. 나아가 세계시민교육은 인권, 평화, 지속가능성, 사회정의 등의 보편적 가치를 지향하고, 세계에서 벌어지는 분쟁과 갈등에 대한 관심을 높이고, 그 해결에 적극적으로 참여하고 실천하도록 이끈다.

세계유산은 지구와 인류가 만든 아름답고 소중한 것으로 세계시민교육이 지향하는 바를 담고 있다. 세계유산은 여러 국가·민족의 역사적 정체성, 다양성, 지속가능성, 평화 등을 간직하고 있다. 세계유산은 국가, 민족 등의 정체성을 반영하고, 다양한 문화와 자연을 담고 있으며, 인류의 고귀한 문화와 자연을 미래세대로 이어 줄 존재이자 문화 및 문명 간 이해를 담은 평화의 담지체이다. 이렇듯 세계유산은 세계시민교육을 위한 중요한 콘텐츠를 제공하고 있고, 세계시민은 세계유산을 만남으로써 세계시민으로서 갖추어야 할 역량을 성취할 수 있다.

II. 세계유산과 세계시민교육

세계유산은 자연사와 인류사가 만든 유산으로 보존과 보호를 통해 미래세대로 이어 주어야 할 가치가 있다. 유네스코는 세계유산으로 문화유산, 자연유산, 복합유산, 그리고 인류무형문화유산을 지정하여 이들의 지속가능성을 높이고자 노력하고 있다. 이러한 노력의 일환으로 학교 안팎에서 실시하고 있는 것이 세계유산교육이다. 그 노력의 출발은 '세계유산의 보존과 진흥을 위한 청소년들의 참여'(1994)의 선언이라고 볼 수 있다. 세계유산교육은 청소년들이 세계시민의 일원으로 자연과 인류가 남긴 소중한 세계유산과 인류무형문화유산을 보호하고 계승하는 데 적극적으로 참여하도록 이끌어 내고 있다.

세계유산교육은 세계시민으로서 갖추어야 할 중요한 역량을 기르는 데 이바지하고 있다. 세계유산교육은 세계시민교육이 지향하는 바와 교집합을 지니고 있다. 세계유산은 세계시민교육에 자연과 인류가 낳은 유산이라는 콘텐츠를 제공해 주고 있다. 자연스럽게 세계유산교육은 글로벌 마인드, 자연적·문화적 다양성, 다양한 관점, 지속가능성, 세계 쟁점에의 관심과 참여 등이라는 세계시민교육의 테제로 이어지고 있다.

세계유산교육과 세계시민교육을 이어 주는 접점에서 다양한 수업방법, 즉 주제 기반 통합적 수업방법, 현장체험학습 활용 수업방법, 문제해결학습 활용 수업방법을 적용한 모듈을 활용할 필요가 있다.

세계유산을 활용한 세계시민교육을 학교현장에서 실행하면서 그 과정에서 유의할 점도 있다. 가령, 수업 진후를 포함한 과정에서 세계유산의 가치에 대한 관점과 입장의 상충 상황을 어떻게 실천적으로 대응할지 유념할 필요가 있다. 교사가 세계유산을 통한 세계시민교육을 학교 안팎에서 실천하는 데 있어 입장에 따른 가치의 상충이 존재할 수 있다. 그것은 세계유산을 바라보는 관점 차이, 세계유산의 가치를 바라보는 관점 차이, 그리고 개인 정체성과 공동체 정체성의 상충이다. 교사는 세계유산을 통한 세계시민교육을 실천하면서 서로 다른 가치의 상충을 유념해서 수업할 필요가 있다.

먼저, 세계유산을 활용한 세계시민교육은 세계유산을 바라보는 관점에서의 상호충돌을 조화롭게 극복할 필요가 있다. 세계유산은 민족이나 국가 자산이라는 관점과 자연과 인류가 만든 보편적 가치가 있는 인류 자산으로 보는 입장이 충돌할 수 있다. 세계유산을 활용한 세계시민교육은 두 입장의 조화를 추구할 필요가 있다. 민족이나 국가 자산이라는 관점에서도 세계유산이 민족이나 국가를 넘어선 보편 가치를 가지고 있음을 인정한다. 하지만 국가가 국내분쟁이나 내전이 발생하는 경우, 국가 개발이라는 의제에 함몰되는 경우 등에는 세계유산이 국가나 민족자산으로도 지켜지지 못하는 사례를 자주 볼 수 있다. 이런 경우 세계유산이라는 이름으로 자연과 인류가 만든 유산을 보호하고 지속가능하게 만드는 것은 우리의 책무라고 할 수 있다. 세계시민교육에서 세계유산 수업을 할 때 그 가치의 상충을 조화롭게 극복하도록 유념할 필요가 있다

다음으로 세계유산을 통한 세계시민교육은 세계유산을 목적적 가치로 보는 관점과 수단적 가치로 보는 관점을 살펴볼 필요가 있다. 세계유산의 생태적, 문화적, 경관적, 지질학적 가치를 중심으로 살펴보는 것은 인류의 보편적 가치를 가진 그 자체로서 세계유산과 인류무형문화유산을 보고자 하는 경향이 강하다. 그리고 세계유산은 세계적으로 유명하기에 세상 사람들이 한번쯤 보고 싶은 대상임도 부정할 수 없다. 그래서 세계유산을 그 자체로서 소중한 목적적 가치를 존중하는 입장과 이 소중한 가치를 지닌 세계유산을 관광이나 여행으로 상품화하고자 하는 수단적 가치를 강조하는 입장이 상충할 수 있다. 교사가 세계유산을 통한 세계시민교육을 세계유산의 가치를 존중하는 수업으로 실시하였으나, 학생들은 전세계에 분포하고 있는 세계유산을 자신이 여행하고 관광을 할 버킷리스트로 받아들일 수도 있음을 유념해야 할 것이다. 특히, 세계유산과 관광은 상호 상충할 가능성이 매우 높다. 교통수단의 발달과 여행 수요의 증가로 인하여 지구상에는 관광 인구가 높게 나타나고 있다. 하지만 관광 수요의 증가는 세계유산에 긍정적 효과와 부정적 효과를 동시에 미치고 있다.

세계유산을 지나치게 수단화하고 대상화하여 원래의 모습을 훼손할 수도 있다. 그러므로 학생들이 세계유산을 관광하더라도, 세계시민으로서 세계유산을 중심으로 그 지역이나 민족, 국가의 전통과 문화를 존중하고 세계유산의 지속가능성을 염두에 둘 수 있는 지혜를 갖추도록 강조할 필요가 있다. 이를 위해서는, 세계유산과 인류무형문화유산의 연계적 이해

를 통해, 세계유산 가치를 이해하고 보존하는 것이 우리 자신의 생활에 중요한 영향을 미친다는 점을 학생들이 인지하도록 이끌어야 할 것이다.

마지막으로 세계화 시대를 살아가면서 인류는 빠른 속도로 하나의 공동체로 변화하고 있으며, 과학기술의 혁명으로 인간의 삶이 공간적 제약을 극복하며 이런 과정에서 인간은 실존적 존재로서의 개인과 사회적 존재인 공동체 구성원으로서 역할과 기능을 달리하면서 살아간다. 여기서 인간은 개인 정체성과 공동체 정체성 사이의 상충을 경험할 수 있다. 현대사회를 사는 사람들이 다중 정체성을 가지고 살아가야 하는 필연성을 인정하면서, 어느 정체성에 더 깊은 의미를 두느냐는 의사결정과 행동을 하는 데 깊게 영향을 미치고 있다.

세계유산교육은 모든 인류가 탁월한 보편적 가치를 지닌 지구공동체라는 관점을 강조할 가능성이 있다. 전 지구적 가치를 강조하면서, 세상의 주체로서 개인의 독특한 개성을 소홀히 다룰 수도 있다. 개인은 자신이 속한 전통과 문화를 바탕으로 주체적 의사결정을 할 수 있는 존재임도 함께 존중되어야 한다. 특히, 세계화라는 초개인적, 초국가적 공동체 담론으로 인하여 개인의 잠재력을 소홀히 다루지 않길 바란다. 또한 개인과 공동체의 정체성은 국가의 문명 발달 정도에 따라서 그 개인과 공동체 사이의 스펙트럼이 다르게 나타날 수 있다. 예를 들어, 문명의 발달이 더딘 아프리카의 공동체 정신인 우분투(Ubuntu)는 지구 공동체의 갈등, 분쟁, 환경 문제 등을 해결하는 데 기여할 수 있다. 세계시민교육도 학생들이 세계유산을 가지고 학습을 하면서 자신이 개인으로서 그리고 공동체의 구성원으로서 어느 정도의 입장을 견지할 것인가를 고민하게끔 이끌 필요가 있다.

III. 세계유산을 활용한 세계시민교육의 방향

세계유산을 통한 세계시민교육을 실천하기 위해서는 글로컬리즘(glo-calism), 홀리스틱 접근(holistic approaches)과 변혁적 교육(transformative education)을 지향할 필요가 있다.

먼저, 학생들이 세계유산을 통한 세계시민교육을 학교교육을 넘어서 자신들의 일상생활에 적용할 수 있도록 이끌어 주어야 한다. 예를 들어, 학생들이 제주의 세계유산과 인류무형문화유산을 대상으로 수업을 한 후, 이 수업을 자신의 삶의 영역으로 확장할 필요가 있다. 그중에서 가장 대표적인 교육방식으로는 제주를 넘어서 우리나라에 존재하는 또 다른 세계유산이나 세계 각지를 여행하거나 방문하면서 경험하는 유산들로의 학습경험을 확대 적용하는 것이 중요하다. 이런 면에서 세계시민교육은 로컬(local)에 존재하는 세계유산의 콘텐츠를 통하여 글로벌(global)로의 확장을, 그리고 글로벌의 수준에서 학생들이 살아가는 로컬로의 사고와 실천을 넘나들 수 있어야 한다. 세계유산은 로컬과 글로벌이라는 공간적 틀을 넘나들면서 유연적 사고와 참여를 행하기 좋은 교육 콘텐츠다. 특히, 21세기 사회는 세계화의 연장선상에서 그간의 세계화가 다소 일방적인 방향이었던 데 반해, 오늘날에는 세계와 로컬 간, 지역 간, 국가 간, 시민 사회 간 등 다양한 층위에서 상호작용으로 이루지고 있다는 특징을 지닌다(김다원 외, 2018, 32). 그래서 세계유산을 통한 세계시민교육은 글로컬리즘(glocalism)을 지향할 필요가 있다. 이런 면에서 문화유산교육은 자연과 문화가 남긴 유산을 탐구하고 이해하고 보호할 수 있는 기회를 제공해 주어 지역 환경과 지역사회에서 학습과정을 마련하는 데 도움을 주고 (APCEIU and arts~ED, 2016, 42), 세계유산의 분포 장소를 살펴보는 것은 세계유산을 글로벌 관점으로 바라볼 수 있게 해 준다.

　다음으로 세계자연유산과 인류무형문화유산을 통한 세계시민교육을 실천하면서 홀리스틱 접근(holistic approaches)을 할 필요가 있다. 세계자연유산은 그 자체가 가지는 경관적 가치, 지질학적 가치, 생태학적 가치와 다양성의 가치가 있다. 이 가치들은 그 자연만의 독특함(uniqueness)을 갖게 하고, 이것이 자연적 다양성을 낳는다. 그리고 세계문화유산과 인류무형문화유산은 주민들이 그 자연환경에서 오랫동안 생활하면서 만들어 놓은 것이다. 여기에는 주민들의 정신, 종교, 사고, 역사, 문화 등이 반영되어 있다. 그것은 자연스럽게 그곳에 사는 사람들의 삶에 깊숙이 자리 잡아 정체성을 낳는다. 이 정체성은 스케일(scale)의 범주 면에서 다층적으로, 공간적 측면에서 다중적으로 각기 다른 모습으로 나타난다. 문화적 다양성, 자연적 다양성은 개인, 자국, 자문화, 자민족 등의 정체성 형성에 깊은 영향을 준다. 하지만 앞의 정체성은 다른 사람, 다른 문화, 다른 민족, 다른 국가 등의 정체성을 존중하면서 세계시민성과의 조화를 이루어야 한다.

　인류는 똑같은 기본 욕구를 가지나 그것에 부응하는 매우 다른 방식을 가진다. 사회적 성, 문화, 계급, 국적, 종교, 민족, 언어와 계층의 차이는 이런 변화를 설명하고 정체성을 형성하는 데 있어서 매우 중요할 수 있다. 이런 다양하고 빠르게 변화하는 세계에서 살아남기 위하여 학습자는 자신이 가진 정체성에 확신을 가질 필요가 있다. 또한 학습자는 다른 정체성과 문화에 긍정적으로 참여하고자 하고 고정관념을 인식하고 이에 도전할 수 있어야 한다(Oxfam, 2015a).

　여기서 중요한 활동은 다양한 관점으로 세계유산과 무형문화유산을 탐색하고, 이해하고, 존중하는 경험이다. 하나의 관점으로 세계를 이해하려

234

는 태도에서 벗어나 다양한 관점을 인정하고 다르게 세상을 보려는 태도를 갖도록 할 필요가 있다. 이러한 유산의 홀리스틱 접근을 위해서는 유형유산인 세계유산과 무형유산인 인류무형문화유산과의 연계적 이해가 필요하다. 서로 다른 유형의 유산이 역사, 문화, 자연적으로 어떻게 연관이 있는지를 알아보는 홀리스틱 접근을 통해 학생들이 보다 다양한 관점으로 글로벌 이슈를 다룰 수 있는 능력을 함양시킬 수 있을 것이다.

다음으로 세계시민교육은 어느 수업방법을 사용할지라도 학습자 중심이어야 한다. 학습자의 참여를 이끌어 내어 학습자가 학습의 주체가 되도록 실행할 필요가 있다. 교사는 학생들이 지적 호기심을 가지고 세계유산을 적극적으로 이해할 수 있도록 이끌어 주어야 하는 과제를 안고 있다. 세계시민교육은 세계유산에 대한 교육을 넘어서 세계유산을 통하여 세상에 적극적으로 참여하고 실천하는 교육으로 나아가야 한다. 이 모든 과정에서 학생들이 중심에 서야 한다. 학생들이 세계시민교육에 있어서 수동적인 학습자에서 벗어나 능동적인 교육 주체로 서게 할 필요가 있다. 학생들이 세계시민교육 수업의 중심에 서기 위해서는 수업이 과정 중심적이며 문제해결 중심이어야 한다. 학생들은 동료와 협동·협력하여 과제를 수행하거나 지역사회의 문화 및 자연 해설사 혹은 전문가들과 같은 자원인사들의 도움을 받아 과제를 수행하면서 창의적 집단지성을 경험할 수 있다. 학생들은 교사가 과정별로 제시한 문제를 해결하면서 세계시민으로서의 역량을 신장하고 책임의식을 느낄 것이다.

세계유산을 통한 세계시민교육은 변혁적 교육(transformative education)을 지향할 필요가 있다. 세계유산은 세계시민교육의 소재로서 다양한 교육상황을 제공해 준다. 세계시민교육은 세계유산을 중심으로 비판적 사고, 창의적 사고를 지향한다. 세계유산교육은 세계유산에 관한 교육을 함으로써 학생들에게 지역에 대한 자긍심과 소속감을 심어주는 데 긍정적 영향을 줄 수 있다. 하지만 세계유산을 지나치게 자신의 유산이나 자국의 유산으로 강조할 경우 지역중심주의적 사고나 자문화중심주의를 유발할 가능성도 있다. 따라서 세계유산을 통한 세계시민교육은 학생들이 세계유산에 대한 가치를 학습하면서 자기중심, 전통, 편견, 지나친 우월성 등에 빠지지 않도록 경계를 할 필요가 있다. 그러므로 세계유산을 통한 세계시민교육은 지역의 세계유산과 다른 지역의 세계유산을 함께 학습하도록 하여 세계유산에 내재된 보편적 가치와 인류 공동의 유산으로 인식하여 개인적, 국가적, 세계적 차원에서 보존하고 향유할 수 있는 태도를 갖게 하는 방향의 교육으로 전개되어야 한다. 이를 위해서는 세계시민교육이 변혁적 교육으로 나아갈 필요가 있다. 변혁적 교육은 기성세대의 가치체계와 규범을 일방적으로 학습자에게 전달하는 전통적인 경향에서 벗어나 학습자에게 자신이 보유한 권리와 의무를 깨달을 수 있는 기회를 제공함으로써 더 나은 세상, 더 나은 미래를 만들어 갈 수 있도록 이끈다(한경구 외, 2015, 39).

변혁적인 사고는 세계시민의 중요한 핵심역량이다. 빠르게 변화하는 상호의존적인 세계에서 세계시민교육은 학습자가 생활 속에서 도전 정신을 갖고 비판적이고 능동적인 참여를 갖추도록 하는 틀이다. 학습자가 세계화된 사회와 경제에 충분히 참여하고, 학습자가 물려받은 세계보다 더욱 공평하고 안전하고 지속가능한 세계를 만드는 데 필요한 지식과 이해, 기능, 가치와 태도의 계발이 변혁적인 것이다(Oxfam, 2015b). 이에 따라서 세계시민교육은 생명 존중과 인간의 존엄성, 평화, 지속가능한 발전, 사회정의와 평등, 세계 쟁점, 인류의 보편적 가치와 다양성 등에 많은 관심을 두고 있다. 이를 위해서는 기존의 질서, 가치 체계, 강대국 중심의 세계 등에 대해서 비판적으로 접근하는 비판적 사고 기능이 필요하다. 학습자는 주요 담론에서 제시된 가설과 세계관, 권력관계를 비판적으로 고찰하고, 사회·경제·정치적으로 소외되어 불평등을 경험하는 개인과 집단의 삶의 질을 높이는 방안을 탐색할 수 있어야 한다(한경구 외, 41). 비판적 세계시민교육은 인류의 보편적 가치를 존중하고 강대국 중심의 질서에 비판을 하며 더 정의로운 세계를 지향하고 있다. 세계유산을 통한 세계시민교육도 좀 더 균형감 있는 교육이 되기 위해서는 세계유산을 세계패권주의나 문화적 제국주의에서 벗어나 글로벌 정의 측면에서도 바라볼 수 있어야 한다. 궁극적으로 세계시민교육은 학생들이 세계시민으로서 '더 포용적이고, 정의롭고, 평화로운 세상을 만드는 데 이바지할 수 있도록'(UNESCO, 2015, 19) 교육하고자 한다.

참고문헌

강순원, 김현덕, 이경한, 김다원, 2017, 국제이해교육의 변천과정에 관한 교육사회사적 연구, **교육학연구** 55(3), 287-314.

김권호, 권상철, 2016, 공동체 기반 자연환경의 지속가능한 이용 방안-제주 해녀의 공유자원 관리 사례, **한국지역지리학회지** 22(1), 49-63.

김다원, 이경한, 김현덕, 강순원, 2018, 21세기 국제이해교육을 위한 홀리스틱 페다고지 모형 개발, **국제이해교육연구** 13(1), 1-40.

김현욱, 김정민, 2014, ESD 관점을 통한 초등학교 세계유산교육의 접근 가능성 탐구, **학습자중심교과교육연구** 14(11), 353-371.

문화재청, 2010, **한국의 세계유산**, 눌와.

유네스코 세계문화유산 및 자연유산 보호를 위한 정부간위원회(문화재청 세계유산팀 기획 번역), 2017, **세계유산협약 이행을 위한 운영지침**, 문화재청.

이경한, 권상철, 김다원, 이선영, 김광현, 김종훈, 2018, **세계시민, 세계유산을 만나다**, 유네스코 아시아태평양 국제이해교육원.

이지혜, 김미경, 신동희, 2016, 세계문화유산의 교육적 활용 경향과 가치 탐색, **학습자 중심교과교육연구** 16(7), 409-432.

이혜은, 세계유산이란 무엇인가, 한국의 세계유산(국립제주박물관 편), 서경, 13-32.

한경구, 김종훈, 이규영, 조대훈, 2015, **SDGs 시대의 세계시민교육 추진방안**, APCEIU.

한국문화관광연구원, 2008, **제주 세계자연유산 보존 및 활용 종합계획**, 제주도.

허권, 2012, 세계유산의 국제이해교육의 가치, **국제이해교육연구** 7(1), 1-38.

APCEIU and arts~ED, 2016, *Bridging Global Citizenship and World Heritage: a Teachers' Guidebook.*

Cabezudo, A., 2013, *Integration of Global Dimension into Citizenship Education.* Presentation at the UNESCO Forum on Global Citizenship Education, Bangkok: Thailand.

Oxfam, 2015a, *Global Citizenship in the Classroom: A Guide for Teachers*, Oxfam.

Oxfam, 2015b, *Education for Global Citizenship: A Guide for Schools*, Oxfam.

UNESCO, 1972, *Convention concerning the Protection of the World Cultural and Natural Heritage*, Paris, 16 November 1972 UNESCO 총회.

UNESCO(유네스코한국위원 회 역), 2007, **청소년과 함께하는 세계유산**, 문화재청·유네스코 한국위원회(UNESCO, 2002, *World Heritage in Young Hands-to Know, Cherish and Act*, Paris: UNESCO).

UNESCO, 2014, *Global Citizenship Education: Preparing Learners for the Challenges of the 21st Century*, Paris: UNESCO,

UNESCO(유네스코 아시아태평양 국제이해교육원 기획·번역), 2015, *Global Citizenship Education: Topics and Learning Objectives*, 유네스코 아시아태평양 국제이해교육원.

유네스코 한국위원회 세계유산, http://heritage.unesco.or.kr

UNESCO Intangible Cultural Heritage, https://ich.unesco.org/en/convention

UNESCO World Heritage Center, https://whc.unesco.org/en/conventiontext

세계시민교육과 지리교육

초판 1쇄 발행 2022년 4월 15일
지은이 이경한
펴낸이 김선기
펴낸곳 (주)푸른길
출판등록 1996년 4월 12일 제16-1292호
주소 (08377) 서울시 구로구 디지털로 33길 48 대륭포스트타워 7차 1008호
전화 02-523-2907, 6942-9570~2
팩스 02-523-2951
이메일 purungilbook@naver.com
홈페이지 www.purungil.co.kr

ISBN 978-89-6291-957-8 93980